Inhalt

Pflanzen sind viel spannender, als Sie denken

Den Eindruck werden Sie sofort bestätigen: Wer mit wachen Augen unterwegs ist, muss über die enorme Formenfülle der heimischen Flora einfach staunen. Sie möchten vielleicht auch gern wissen, wie diese oder jene Art heißt, und dazu greifen Sie eben zu einem hoffentlich brauchbaren Bestimmungsbuch.

Aber: Die weitaus meisten für Nichtfachleute angelegten Bestimmungshilfen lassen Sie mit der Benennung von Namen, Blütezeit, Aussehen und Vorkommen in der freien Flur stehen. Natürlich ist es immer ein Gewinn, eine Pflanze mit dem richtigen Namen bezeichnen zu können und vielleicht noch ein paar weitere Daten zu ihrer Biologie zu erfahren. Oft verschweigen die üblichen Bestimmungsbücher jedoch die eigentlich interessanten Zusatzinformationen, beispielsweise die (blüten)biologischen Besonderheiten, die sich dem Verständnis erst aus der näheren Beobachtung erschließen.

Bruno P. Kremer

88 verblüffende Pflanzen

Die erstaunlichen Kniffe unserer Blumen, Sträucher und Bäume

Ulmer

Gordischer Knoten beim Wein: Links- oder rechtsherum?

Wenn Sie etwa ein Bestimmungsversuch glücklicherweise zur Rotbeerigen Zaunrübe (*Bryonia dioica*, Sie finden sie auf S. 54) geführt hat, aber zu dieser ungewöhnlichen Pflanze nichts weiter mitteilt, ist dieses Naturerlebnis etwa so spannend wie die vorgestrige Notierung einer nachrangigen Aktie an der Frankfurter Börse.

Wir handhaben das hier anders: Dieses Buch hält sich nicht lang mit artdiagnostischen Einzelheiten auf, sondern stellt in der jeweils gebotenen Ausführlichkeit wenig oder überhaupt nicht bekannte, oftmals ungewöhnliche bis spektakuläre Facetten ziemlich häufiger Blütenpflanzenarten vor.

Wirklich jede Pflanzenart – in der freien Natur ebenso wie in unseren Gärten – weist ihre einzigartigen Besonderheiten auf. Manche dieser Merkmale sind (fast) allgemein bekannt, etwa die hohlen Blütenköpfe der Echten Kamille, an denen man diese medizinisch wertvolle Art von ähnlich aussehenden Arten sicher unterscheiden kann.

Bei anderen Blütenpflanzenarten erschließen sich die biologischen Besonderheiten dagegen nicht auf den ersten Blick, sondern nur nach gezielter Vorinformation: Wussten Sie beispielsweise, dass die Blüten des Schmalblättrigen Weidenröschens echte Transsexuelle sind oder dass sich diejenigen der Rotkelchigen Nachtkerze in der fortgeschrittenen Dämmerung mit vernehmlichem Knistern öffnen? Haben Sie je beobachtet, dass sich die Laubblätter der Klee-Arten nachts einfach schlaff hängen lassen oder dass sich die meisten heimischen Kletterpflanzen im Gegenuhrzeigersinn winden? Könnte es auch sein, dass es Ihnen bislang völlig entgangen ist, warum die Darstellungen der Eichen auf den deutschen Centmünzen – rein botanisch betrachtet – ein absolutes Unding sind und somit beachtliche Kenntnisdefizite im zuständigen Ministerium bloßlegen?

Sollten Sie diese Testfragen mehrheitlich mit „nein" beantworten müssen, ist es gut, dass Sie jetzt dieses Buch in Händen halten. Es unterhält Sie nämlich nicht nur mit oft ziemlich abgedrehten Storys aus der heimischen Pflanzenwelt, sondern stattet Sie zusätzlich mit einem soliden Basiswissen aus, mit dem Sie garantiert viele Ihnen angetragene Partywetten gewinnen oder den nächsten Betriebsausflug mit allerhand munteren Interaktionen aufmischen können. Sie können es selbstverständlich zu Hause im Wohnzimmersessel, aber ebenso auf der Gartenbank und natürlich auch bei Fahrten mit dem ÖPNV lesen. Aber versäumen Sie dann bitte nicht, an Ihrer Zielhaltestelle auszusteigen.

Umschau bei den Wurzeln

Pflanzen sind buchstäblich bodenständige Lebewesen – sozusagen immer geerdet und über ihr Wurzelsystem mit ihrem Wuchsplatz fest verbunden. Wurzeln erfüllen viele vitale Funktionen – einerseits die mechanische Verankerung im Boden und andererseits die Versorgung der Pflanze mit Wasser und Mineralen. Vor allem bei der Versorgung zeigen sich viele überraschende Sonderfälle, von denen dieses Kapitel einige herausgreift.

Augentrost

Heimlich unter der (Boden-)Decke

Unter den heimischen Blütenpflanzen gibt es einige Arten, die sich auf Kosten anderer Pflanzen ernähren. Auch der Augentrost gehört dazu. Manche der sich als Parasiten ernährenden Arten sehen ziemlich bleich aus, weil sie kein Blattgrün (Chlorophyll) enthalten. Solchen Gestalten vom Typ der Sommerwurz-Arten und einiger Orchideen (etwa Nest- und Korallenwurz) sieht man ihre Abhängigkeit von der Stoffversorgung über frecherweise angezapfte Wirtswurzeln sofort an.

Aber hätten Sie das vermutet? Fast wie im richtigen Leben gibt es unter den harmlos aussehenden Blütenpflanzen auch völlig normale, grüne Artengruppen mit ausgeprägten Untergrundaktivitäten auf Kosten anderer Pflanzen. Ein großer Teil der früher in die Familie Rachenblütengewächse gestellten Arten gehört zu dieser ehrenwerten Gesellschaft. Wiesentypische Gattungen wie Alpenhelm, Alpenrachen, Augentrost, Klappertopf, Läusekraut, Wachtelweizen und Zahntrost sind ausnahmslos Wurzelparasiten von Gräsern, anderen Kräutern oder fallweise auch kleinen Gehölzen. Man kann sie auch unabhängig von ihren Wirten kultivieren, doch gedeihen sie deutlich besser, wenn sie in ihrer Nachbarschaft abkassieren können.

Der Augentrost lebt auf Kosten anderer.

Baldrian beruhigt nur Menschen.

Baldrian

Nicht nur für die Katz

Dem Namen nach kennen Sie ihn bestimmt: Der bis über 1,5 Meter hohe Baldrian hat als heimische Wildpflanze schon vor langer Zeit den Weg in die Bauerngärten gefunden. Baldrian wird traditionell als bewährtes, aber mildes Hausmittel gegen nervöse Erregungszustände, Schlafstörungen sowie nervöse Herz-, Magen- und Darmbeschwerden gezogen. Auch in der Homöopathie sind ihm diese Anwendungsgebiete erhalten geblieben. Die von dem Hallenser Apotheker Friedrich Hoffmann (1660–1742) erfundene Tinktur aus Ethanol und Diethylether wird – angereichert mit Baldrian-Extrakten – unter der Bezeichnung „Hoffmannstropfen" angeboten. Baldrian-Extrakte sind außerdem in vielen (meist frei verkäuflichen) Arzneispezialitäten enthalten, die allgemein der Glättung des Nervenkostüms dienen.

Somit ist Baldrian neben Kamille und Minze eine der populärsten Heilpflanzen überhaupt. Seine Wirkstoffe sind fast ausschließlich in der Wurzel zu finden. Die wichtigsten Komponenten sind die Valepotriate (Kunstwort aus Valeriana-epoxy-triester) und die Valerensäure.

Beruhigende Wirkung?

Erst beim Trocknen entwickeln die Rhizome durch Bildung von Isovaleriansäure den typischen Baldriangeruch. Er erinnert – pardon! – an die Duftqualitäten einer gut durchfeuchteten Socke. Selbst jahrzehntealte Herbarexemplare erzeugen zuverlässig ein gewisses Naserümpfen.

Zudem übt Isovaleriansäure speziell auf Kater eine stark anziehende Wirkung aus und versetzt sie in paarungsfreudige und gewöhnlich auch recht lautstark zu vernehmende Stimmung, da er dem Lockgeruch läufiger Katzen entspricht. Daher nennt man die Droge auch Katzenwurzel. Sollten Sie (trotz eines eventuell schon fortgeschrittenen Lebensalters) zu Streichen aufgelegt sein: Ein paar Baldriantropfen, gezielt auf der Fußmatte eines weniger beliebten Nachbarn platziert, sind fast schon die Garantie für eine imposante „Kleine Nachtmusik“ aller Katzen der Umgebung.

Im Wurzelgewebe der Erle leben Bakterien.

Erle

Erbsengroß bis apfeldick

Unter den heimischen Erlen-Arten ist die Schwarz-Erle vor allem in der Niederungslandschaft die häufigste Art. Man findet die Schwarz-Erle (*Alnus glutinosa*) als wichtiges Bachbegleitgehölz, das die Ufererosion mindert und in der offenen Landschaft einfach gut aussieht. Eines ihrer besonderen Geheimnisse verrät die Erle aber nur, wenn Sie sie im Wurzelbereich ein wenig anbaggern und genauer nachschauen. Dann zeigen sich schon relativ nahe unter der Bodenoberfläche gelblich braune Klumpen aus zwei bis drei Millimeter breiten Einzelgallen, die sich zu größeren, korallenartig verzweigten Komplexen zusammensetzen und fallweise sogar Faustgröße erreichen können.

Diese seltsamen Anschwellungen sind Wurzelgewebe. Die Wucherungen werden allerdings von Mikroorganismen durch genetische Manipulation der Wirtswurzeln hervorgerufen. Sie beherbergen große Mengen fädiger Mikroorganismen, die man eigenartigerweise als Strahlenpilze (Actinomyceten) bezeichnet, obwohl sie nicht zu den Pilzen, sondern zu den Bakterien gehören.

Mit den heimischen Erlen kooperiert die Spezies *Frankia alni*. Auch sie verfügt über die bemerkenswerte Fähigkeit, Luftstickstoff zu binden und in pflanzenverfügbare Form zu überführen, und zwar jährlich bis etwa 100 Kilogramm pro Hektar. Näheres dazu finden Sie auf S. 22. Auf diese Weise verbessert sich die mineralische Nährstoffversorgung an den Erlenstandorten erheblich.

Und noch etwas: Weil die Erlen durch ihre winzigen Wurzelpartner so optimal mit Stickstoffverbindungen versorgt werden, brauchen sie im Herbst auch keine Rückrufaktionen aus den Blättern zu starten – mehr dazu auf S. 58. Erlenblätter verabschieden sich ohne nennenswerte Verfärbung und allenfalls fahlgrün von ihren Zweigen.

Fichte und Fliegenpilz

Bäume mit Fußpilzen

Die Gewöhnliche Fichte ist der unangefochten populärste Weihnachtsbaum, auch wenn das in ihrer Gegenwart zu vernehmende Liedgut („O Tannenbaum …“) botanisch ein wenig danebenliegt. Wussten Sie das schon? In der modernen Kulturlandschaft kommt die Gewöhnliche Fichte (*Picea abies*) durch forstliche Anpflanzung in vielen Gebieten vor, in denen sie von Natur aus nicht zuhause wäre. Doch überall nutzt sie ihren Kontakt zu den Pilzen.

Pilze sind eine Organismengruppe zwischen Wohl und Wehe: Einerseits stehen sie als Blauschimmel oder Trüffel bei Feinschmeckern hoch im Kurs, andererseits lassen sie als Holzschwämme buchstäblich Dächer über dem Kopf zusammenbrechen. Doch schauen wir uns eine höchst sympathische Artengruppe dieser seltsamen Lebewesen an – die „Fußpilze“ der Waldbäume.

Die meisten Menschen halten Pilze für ziemlich uninteressante und profilarme Lebewesen. Biologen sehen das ganz anders: Im Gesamtökosystem Erde spielen Pilze eine absolut unersetzliche Rolle. Von besonderer Bedeutung für die verschiedenen Lebensgemeinschaften sind die von Pilzen gebildeten Symbiosen – die engen Lebensgemeinschaften von Pilzen mit andersartigen Lebewesen. Die Flechten als recht ungewöhnliche Lebensform, die aus einem Pilz und einer Alge bestehen, sind dafür ein prominentes Beispiel. Etwas weniger bekannt ist die enge Partnerschaft bestimmter Pilze mit den Wurzeln höherer Pflanzen, die Mykorrhiza.

Zahlreiche Untergrundkontakte

Als Mykorrhiza (griechisch: *mykes* = Pilz, *rhiza* = Wurzel) bezeichnet man die enge Lebensgemeinschaft von pilzlichen Zellfäden, Pilzhyphen genannt, mit den Wurzelspitzen einer Landpflanze. Diese Partnerschaft von Pilz und Pflanze stellt eine typische Ernährungssymbiose dar: Beide Partner erhalten durch ihr Zusammenleben Nahrungslieferungen, die sie sich allein kaum oder gar nicht erschließen könnten.

Jeder gesunde Waldboden ist von den Hyphen einer Vielzahl verschiedener Pilzarten durchzogen. Daher finden die Wurzeln eines jungen Baums bereits kurz nach der Keimung Kontakt zu einem oder mehreren der allgegenwärtigen Mykorrhizapilze. Wenn sich beide Partner mögen, umspinnt

Die Fichte hat gute Beziehungen zu Pilzen.

der Pilz anschließend die Enden der unverholzten Feinstwurzeln mit einem dichten Hyphenmantel. Die mykorrhizierten Wurzelenden wirken daher immer etwas angeschwollen und verzweigen sich auch etwas häufiger als pilzlose Wurzeln.

An den verpilzten Stellen bildet die Wurzel keine Wurzelhaare mehr, die ansonsten für die Wasser- und Nährsalzaufnahme zuständig wären. Stattdessen ziehen sich Bündel von Pilzfäden von der Wurzel ausgehend weit in den umgebenden Boden und verzweigen sich dort.

Ein Verein auf Gegenseitigkeit

Pflanzen brauchen für ihren aktiven Stoffwechsel große Mengen Wasser. Normalerweise entnehmen sie es dem Boden durch ihre Wurzelhaare und erhalten so auch die darin gelösten mineralischen Stoffe wie Kalium-, Kalzium- und Magnesium-Ionen (Ionen sind die elektrisch geladenen Teilchen, als die diese Stoffe hier vorliegen).

Der Maronen-Röhrling ist bei der Partnersuche nicht wählerisch.

Bei Pflanzen mit Pilzpartnern läuft die Sache anders: Hier führen die Pilzhyphen der Wurzel das lebensnotwendige Wasser und die Ionen zu. Pilzhyphen sind dünner und vor allem viel länger als die Wurzelhaare. Außerdem verzweigen sie sich und durchwachsen ein weitaus größeres Bodenareal.

Schon allein wegen ihrer enormen Reichweite können die Hyphen wesentlich wirksamer Wasser aufnehmen als die Feinwurzeln der Pflanze. In seiner Wasserversorgung steht ein Waldbaum vor allem in etwas trockeneren Jahren deutlich besser da als ein Baum ohne Wurzelsymbiose. Die Mykorrhiza stellt bei den meisten Landpflanzen das Hauptorgan für die Aufnahme von Wasser und Mineralstoffen dar.

Weil der Pilz zudem organische Säuren in den Bodenraum abgibt, lösen diese von den schwerlöslichen Mineralpartikeln im Boden bestimmte Ionen (beispielsweise Phosphate) ab und machen sie damit transportfähig. So versorgt der Pilz seinen Pflanzenpartner nicht nur mit Wasser, sondern er düngt ihn auch. Schließlich schützt der Pilzmantel die Wurzel vor Schädlingsfraß und bakteriellen Infektionen.

Im Gegenzug für so viele Wohltaten erhält der Pilz von seinem Waldbaumpartner energiereiche organische Stoffe, darunter lösliche Kohlenhydrate, Aminosäuren und Vitamine – allesamt Stoffe, die er unbedingt braucht, aber nicht selbst erzeugen kann. Bis zu zehn Prozent seiner fotosynthetischen Produktion an Kohlenhydraten kann ein Baum seinen Mykorrhizapartnern zukommen lassen. Dieser Untergrund-Deal zahlt sich aus: Sowohl die der Baum als auch sein „Fußpilz“ profitieren von diesem Stoffaustausch.

Der Fliegenpilz ist auf Birke und Fichte fixiert.

Mehr oder weniger wählerisch

Unter den typischen Waldpilzen gibt es Arten, die regelmäßig eine Mykorrhiza eingehen und andere, die als Parasiten oder Saprobionten (sie ernähren sich von totem Material) leben. In manchen Pilzfamilien sind fast alle Arten Mykorrhizapartner. Meist gehören sie zu den Ständerpilzen (Basidiomyceten), seltener – wie die kulinarisch so begehrten Trüffelarten – zu den Schlauchpilzen (Ascomyceten).

Oft sind die Mykorrhizapilze auf eine oder wenige Baumarten spezialisiert, zu denen sie aufgrund ihres Stoffwechsels passen und mit denen sie eine Symbiose eingehen können. Daraus erklärt sich die allen erfahrenen Pilzsammlern vertraute Tatsache, dass bestimmte Pilze nur in der Nähe bestimmter Baumarten vorkommen – Goldröhrlinge beispielsweise zusammen mit Lärchen.

Andere Pilzarten haben ein recht großes Partnerspektrum. So kann der Maronenröhrling mit vielen Vertretern der Kiefern- und Buchengewächse eine Mykorrhiza bilden. Anderseits müssen sich auch die Gehölze nicht immer mit nur einer Pilzart begnügen: Die Fichte etwa sucht sich ihre Partner bei den Blätterpilzen, Täublingen, Milchlingen und Röhrlingen. Der giftige Fliegenpilz (*Amanita muscaria*) – in beliebigen Bildprogrammen so etwas wie der Pilz schlechthin – ist ein Mykorrhiza-Partner von Birke und Fichte, aber auch wenigen anderen Waldbäumen.

Wie Scheren ragen die Blätter aus dem Wasser.

Krebsschere

Ganz und gar nicht eingewurzelt

Die Krebsschere ist nach den Scheren der großen heimischen Zehnfußkrebse benannt. Das bezieht sich aber nur auf ihr Aussehen. Die Greif- und Knackscheren der großen Zehnfußkrebse vom Typ Strandkrabbe oder Taschenkrebs können kräftig bis ziemlich schmerzhaft zupacken. Ein ausgewachsener Hummer könnte mit seiner besonders ausgeprägten Knackschere sogar einen kleinen Finger abtrennen. Die hier gemeinte Krebsschere (*Stratiotes aloides*), eine vor allem im nördlichen Mitteleuropa verbreitete Wasserpflanze aus der Familie der Froschbissgewächse, ist dagegen völlig harmlos. Vielleicht haben Sie sogar ein paar Exemplare davon im Gartenteich. Die langen, schwertförmigen Blätter sind als Rosette so angeordnet, dass je zwei davon wie die klaffende Schere eines angriffsbereiten Großkrebses aussehen.

Die Krebsschere wurzelt eigenartigerweise nie im Gewässergrund. Ihre Wurzelmasse hängt vielmehr frei im Wasser – die gesamte Pflanze ist also ein bodenunabhängiger Schwimmer und Schweber. Das ist schon erstaunlich genug. Noch bemerkenswerter ist ihre Überwinterungsstrategie: Im Spätherbst sinkt sie einfach – wohl auch eine Folge der üppigen Beladung mit Reservestärke in ihren Zellen – auf den Gewässergrund und taucht im Frühjahr buchstäblich aus der Versenkung wieder auf. In Mitteleuropa bildet sie nur selten Samen, da fast nur männliche Pflanzen vorkommen.

Mistel

Sträucher auf Bäumen

Sie kennen Misteln bestimmt als Deko-Artikel von den Weihnachtsmärkten. Draußen fallen sie Ihnen vor allem in der kalten Jahreszeit und besonders in den wintermilden Gebieten auf. Misteln sind kugelförmige, dichte und rund ums Jahr grüne Büsche in den sonst winterkahlen Laubbaumkronen. Mitunter sieht es sogar so aus, als sei der betreffende Laubbaum tatsächlich wintergrün.

Hinsichtlich ihrer Wuchsunterlage sind diese aufsässigen Gebüsche allerdings ziemlich wählerisch. Laubholz-Misteln findet man nur auf Ahorn, Birke, Hainbuche, Linde, Obstgehölzen (vor allem Apfelbäumen), Pappel, Robinie, Weide und Weißdorn, niemals dagegen auf Buche oder Eiche. Auf Nadelhölzern wachsen andere Unterarten.

Die kugelförmigen Büsche sind wintergrün.

Misteln verankern sich im Holz des Wirts.

Kurzschluss zu den Stoffströmen

Bei der Keimung bildet der Mistelsamen zunächst eine rundliche Haftscheibe, von der ein einer Wurzel entsprechender Saugfortsatz (= Senker) in das Holz der Wuchsunterlage eindringt. Schon im Folgejahr bilden sich in der Rinde zunächst horizontal verlaufende Seitenwurzeln, von denen jeweils mehrere weitere Senker abzweigen.

Ihrem Wirtsbaumast, auf dem sich die Misteln bleibend verankert haben, entnehmen sie lediglich Wasser und die darin gelösten Mineralsalze, meist keine organischen Baustoffe. Diese können sie mit ihren gelbgrünen Lederblättern nämlich rund ums Jahr selbst herstellen. Daher gelten Misteln lediglich als Halbparasiten.

Die Mistelsenker müssen auf ihrem Weg zum wasserführenden Holzteil allerdings den Siebteil ihrer Wuchsunterlage durchqueren, in dem die Nährstoffe transportiert werden. Es ist daher nicht auszuschließen, dass sie daraus auch organische Stoffe entnehmen.

Wuchsplatz in luftiger Höhe

Wie kommen denn die Misteln überhaupt auf die Bäume? Die Germanen und auch die Gallier glaubten, die Misteln fielen vom Himmel und blieben schließlich im Geäst hängen. Deswegen waren ihnen diese interessanten Pflanzen besonders heilig – Sie erinnern sich natürlich an den weisen gallischen Druiden Miraculix, der für die Comic-Helden Asterix und Obelix einen kraftspendenden Zaubertrank aus Mistelzweigen braut.

Allerdings sind die Misteln für die Erstbesiedlung eines Baumkronenteils immer auf tierische Hilfe angewiesen. So haben vor allem Misteldrosseln, aber auch andere Vogelarten eine besondere Vorliebe für die weißlichen Scheinbeeren. In deren klebrigem Fruchtfleisch sind die Samen mit der eigentlichen Fruchthülle eingebettet. Sie überstehen problemlos die Magen-Darm-Passage durch den Vogel, landen mit dem nächsten Kotspritzer auf (eventuell) geeignetem Geäst und keimen dort aus. Ist der Mistelbusch erst einmal bis zur Fruchtreife herangewachsen, geht er auch zur Selbsthilfe über: Die kleinen Samen seilen sich an den zähen Fruchtfleischfäden regelrecht ab, bis sie einen tiefer gelegenen Zweig treffen und sich darauf selbst aussäen.

Frühe Blüte, späte Reife

Misteln blühen schon im zeitigen Frühjahr. Die Staubbeutel sind eigenartigerweise mit der Blütenhülle verwachsen. Normalerweise erfolgt Windbestäubung. Da die Blüten aber auch Nektar absondern und zudem nach Orangen duften, kommen auch früh aktive Fliegen, Bienen und Hummeln als Bestäuber in Betracht. Die weißen, unter Beteiligung des Blütenbodens entstehenden Scheinbeeren sind ab Dezember reif.

Übrigens: Alle Teile der Misteln sind ziemlich giftig – sie enthalten als Viscotoxine bezeichnete Polypeptidgemische. Am giftigsten sind die auf Ahorn wachsenden Exemplare, deutlich weniger toxisch die Misteln auf Apfelbäumen. Die Gründe dafür sind noch unklar.

Und noch etwas: Wenn Sie Misteln mögen, können Sie sie leicht durch „Anschmieren“ der extrem klebrigen Scheinbeeren auf die noch glatte Rinde eines jüngeren Apfelbaumastes im eigenen Garten ansiedeln.

Sommerwurz

Schieberei im Untergrund

Das haben Sie vermutlich längst geahnt: Räuberisch lebende Arten gibt es in allen Organismenreichen. Zu ihnen gehört auch die Sommerwurz. Sogar unter den höheren Pflanzen finden sich Arten, die mit tückischen Leimruten Insekten fangen oder Kleintiere auf schlüpfriges Parkett locken, um sie in eine tödliche Kesselfalle abstürzen zu lassen. Vielen sieht man es nicht so ohne Weiteres an, mit welchen Underground-Methoden sie sich eigentlich ihre Nahrung organisieren.

Pflanzen können sich nur dann durch Fotosynthese und somit buchstäblich von Licht und Luft ernähren, wenn sie gleichzeitig grün sind. Demnach ist klar, dass die wenigen chlorophyllfreien Arten unter den Wiesenpflanzen prinzipiell auf Fremdhilfe angewiesen sind, um über die Runden zu kommen. Sie lenken einfach die Nährstoffströme ihrer Wirtspflanzen für den eigenen Materialbedarf um.

Dabei verhalten sie sich im Prinzip genauso eindringlich wie eine Blattlaus: Mit einem speziellen Saugorgan durchwuchern sie das Wirtsgewebe. Ziel dieser Attacke sind die Stoffleitbahnen des Wirts, die sich – im Blatt noch als Streifen- oder Netznervatur sichtbar – über den Blattstiel in die entsprechenden Strukturen des Stängels fortsetzen.

Die ausgesprochen hübschen und in der europäischen Flora artenreich vertretenen Sommerwurz-Arten bilden die Stoffe klauenden Saugorgane aus ihren eigenen Sprossachsen und setzen diese an den Wurzeln ihrer grünen Wirte an. Einige Arten wie Gamander-, Klee-, Nelken- oder Salbei-Sommerwurz gehen dabei so wirtsspezifisch vor, dass man sie danach sogar unterscheiden kann. Die abgebildete Gelbe Sommerwurz (*Orobanche lutea*) parasitiert meist auf Schmetterlingsblütengewächsen.

Die Gelbe Sommerwurz vergreift sich an Schmetterlingsblütlern.

Fast drei Meter tief reichen die Wurzeln.

Weizen

Lange Leitung

Nicht zu fassen: Weizen gehört innerhalb der Getreide zu den besonders tief wurzelnden Arten: Bis zu 2,8 Meter tief reichen die Wurzeln auf tiefgründigen Böden. Zieht man eine Weizenpflanze vorsichtig aus dem Ackerboden, ist ihre Wurzellänge natürlich nicht in kompletter Länge zu sehen, denn der größte Teil der Feinwurzeln reißt beim Rupfen ab und verbleibt im Boden. Die Wurzelmaße sind schon erstaunlich genug, aber vom Weizen ist noch ein anderer Rekord bekannt. Wie bei allen einkeimblättrigen Pflanzen wird die ursprüngliche Keimwurzel im Lauf des weiteren Wachstums durch eine Vielzahl büschelig an der Sprossachse ansetzender und reich verzweigter Feinwurzeln ersetzt. An jedem Ende einer solchen Feinwurzel sitzen große Mengen mikroskopisch kleiner Wurzelhaare, die der eigentliche Ort der Stoffaufnahme aus dem Boden sind. Rechnet man die stichprobenartig ausgezählten Wurzelhaare auf die gesamte Wurzelmasse einer Weizenpflanze um, kommt man auf eine Länge von über 70 Kilometern.

Wiesenklee

Der Klee kriegt ein Knöllchen

Alle Pflanzen benötigen zum Gedeihen mineralischen Dünger – (auch) in Form von Stickstoffverbindungen. Der Klee beschafft sie sich mit einem Trick. Knapp 80 Prozent unserer Luft bestehen aus dem gasförmigen Stickstoffmolekül. Dessen beide Stickstoffatome sind allerdings durch eine besonders stabile Dreifachbindung aneinander gekoppelt, die – wie das berühmte Haber-Bosch-Verfahren der Ammoniakgewinnung aus Luftstickstoff zeigt – nur mit hohem Aufwand aufzubrechen ist. Pflanzen und Pilze können das reichlich vorhandene Stickstoff-Molekül nicht zerlegen – sie sind daher immer auf die Versorgung mit anderen Stickstoffverbindungen angewiesen. Als Nährstoffe besonders wirksam sind Nitrat- und Ammonium-Ionen.

Bemerkenswerterweise können manche Bodenbakterien das hartnäckige Stickstoff-Molekül knacken und die so freigesetzten Stickstoff-Atome zu Nitrat- oder Ammonium-Ionen umbauen. Vor diesem Hintergrund erscheint es geradezu als ein Geniestreich, dass manche Gruppen der Blütenpflanzen sich diese ungewöhnliche Fähigkeit der Bakterien zunutze machen: Sie laden die Bodenbakterien sogar ein, die Versorgung mit reduzierten Stickstoffverbindungen für sie zu übernehmen.

Genetisch manipuliert

Vor allem die Vertreter der Schmetterlingsblütengewächse entwickeln unter dem Einfluss der Bakterien – von diesen in gewissem Maße sogar genetisch manipuliert – an ihren Feinwurzeln Knöllchen von einigen Millimetern Durchmesser. Darin leben Massen von Knöllchenbakterien, die den auch in den Porenräumen des Bodens vorhandenen Luftstickstoff zerlegen und die daraus abgeleiteten Nährstoffe ihren Wirten zur Verfügung stellen.

Umgekehrt versorgt die Wirtspflanze die Knöllchenbakterien mit allen für deren Eigenbedarf wichtigen organischen Stoffen. Die Kooperation der Pflanze mit ihren Knöllchenbewohnern ist somit eine echte Kooperative mit klaren Gewinnen auf beiden Seiten – eben eine auf Gegenseitigkeit angelegte Symbiose.

Die stofflichen Überschüsse aus dem Betrieb der Knöllchenbakterien kommen dem mineralischen Nährstoffvorrat des Bodens zugute. Manche Vertreter der Schmetterlingsblütengewächse, darunter vor allem Klee- oder Lupinen-Arten, gelten daher zu Recht als Bodenverbesserer.

Der Klee kommt auf Umwegen zu Stickstoff.

Zwerglinse

Ein grüner Nadelkopf

Gewiss kennen Sie die grünen Decken, die im Sommer nährstoffreiche Stillgewässer überziehen. Die oft lästigen „Algen" sind aber echte, wenn auch winzige Blütenpflanzen. Wegen ihrer flach-rundlichen Gestalt nennt man die winzigen Schwimmpflanzen Wasserlinsen und gebietsweise auch Entengrütze. Zu dieser seltsamen Pflanzengruppe, die übrigens eng mit dem Aronstab – den finden Sie auf S. 104 – verwandt ist, gehört auch die Zwerglinse (*Wolffia arrhiza*), die man zumindest im südlichen Mitteleuropa finden kann. Wenn Sie angesichts dieses Winzlings, der mit einem Millimeter Durchmesser kaum einen üblichen Stecknadelkopf an Größe übertrifft, ins Zweifeln geraten, ob er wirklich eine echte Blütenpflanze ist, kann man Ihnen das absolut nicht verdenken.

Tatsächlich blüht die Art in Europa nicht und vermehrt sich nur vegetativ durch Abschnürung von Tochterindividuen. Zugegebenermaßen ist dieser Rekordhalter unter den kleinsten Pflanzen stark abgeleitet. Es ist nicht einmal ganz sicher, ob der Vegetationskörper nun ein stark vereinfachtes Blatt oder eine zusammengedrückte Sprossachse ist. Nach mancher Ansicht besteht er vielleicht aus Anteilen von beiden.

Mindestens so seltsam ist, dass der Zwerglinse die Wurzeln fehlen – sie ist wirklich nur eine auf dem Wasser treibende Mini-Boje. Dort bekommt sie alles, was eine Pflanze zum Leben braucht – Licht und Luft, Wasser ohnehin und auch eine optimale Nährstoffversorgung.

Zwerglinsen sind in den Wärmegebieten der Erde fast weltweit verbreitet. Als typische Stillwasserart sind diese Winzlinge natürlich bei der Ausbreitung auf die Hilfe ziehender Tierarten angewiesen. Dafür kommen im Wesentlichen verschiedene Wasservögel infrage. Die selbst nass höchstens 0,2 mg schweren Zwerglinsen haften geradezu optimal am Gefieder und werden so leicht über weite Strecken verschleppt. Dennoch bleibt ihre Verbreitung in Europa bislang sehr lückenhaft.

Nur selten bilden Zwerglinsen auf ihren Wohngewässern größere Reinbestände. Meist kommen sie mit anderen Vertretern ihrer Familie zusammen vor, etwa den auch als Entengrütze bezeichneten Teich- oder Wasserlinsen (wie in der Abbildung).

Die Zwerglinse – hier zwischen anderen Wasserlinsen – hat gar keine Wurzeln.

Allerdings muss man im Zweifelsfall ganz genau hinschauen: Seit etwa 1970 kommt im Rheingebiet die aus Amerika eingeschleppte Zierliche Wasserlinse (*Lemna minuta*) vor, die zwischen 1 und 2,5 mm groß wird. Deren Sprossglieder sind allerdings nicht abgerundet, sondern leicht zugespitzt.

Erstaunliches von Stängeln

Neben der Wurzel ist die Sprossachse – der Stängel – das zweite Grundorgan der höheren Pflanzen. Sie ermöglicht dem Pflanzenkörper die Entfaltung in der Atmosphäre und stabilisiert ihn gegen den Winddruck. Außerdem verlaufen hier die Stoffleitbahnen für Wasser, Mineralien und – davon räumlich getrennt – die Nährstoffe aus der Fotosynthese. Sprossachsen gibt es in allen erdenklichen Abmessungen. Über einige bemerkenswerte Sonderfälle berichtet dieses Kapitel.

Der Adler verbirgt sich im Stiel.

Adlerfarn

Stilvolle Stiele

Der Adlerfarn fällt Ihnen bei einem Spaziergang durch Wald und Flur bestimmt auf: Mit seinen bis über zwei Meter hohen Wedelblättern ist er die größte heimische Farnart. Auf den ersten Blick mag man vermuten, dass die wie Adlerschwingen ausgebreiteten Wedelteile dem Adlerfarn den Namen eingetragen haben. Zweifellos legen sie den Vergleich mit einem stolzen Adler nahe. Zudem trägt die Art die wissenschaftliche Bezeichnung *Pteridium aquilinum*, und auch darin tritt der Adler (lateinisch *aquila*) auf. Ob ihre Bezeichnung daher rührt, erscheint jedoch fraglich, denn auch andere Waldfarne mit großen Wedeln machen einen durchaus beschwingten Eindruck.

Ein etwas verborgenes Kennzeichen kommt eher für die Benennung in Frage: Rupfen Sie ein voll entwickeltes Wedelblatt aus dem Boden und schneiden Sie den untersten, schwarzbraunen Teil des verdickten Blattstiels leicht schräg durch. Jetzt zeigen die bei den Farnen ohnehin noch relativ einfach aufgebauten Leitbündel – sie versorgen die Pflanze mit Wasser und Nährstoffen – in ihrer Verteilung das Bild eines Wappenadlers.

Als man die k. u. k. Donaumonarchie noch recht ehrfürchtig wahrnahm, deutete man diese seltsame Leitbündelfigur sogar gern als habsburgischen Doppeladler. In unserem bürgerlichen Zeitalter genügt zweifellos die Verständigung auf ein Wappenbild.

Übrigens: Der Adlerfarn ist heute weltweit verbreitet. Alle seine Teile sind giftig – auch für Weidetiere.

Birke

Schlafen auch Bäume?

Vermutlich ahnten Sie es schon längst: Der tägliche Hell-Dunkel-Wechsel beeinflusst nicht nur Ihre Lebenstätigkeiten, sondern diejenigen aller Organismen – auch die der Birken. Unlängst hat eine internationale Forschergruppe je eine Weiß-Birke (*Betula pendula*) in Finnland und eine in Niederösterreich zum gleichen Datum bei ruhigem Wetter ohne Wind mit hochauflösender Laserscan-Technik vermessen – jeweils eine ganze Nacht lang, aber immer nur für Sekundenbruchteile im Infrarotbereich, um die Pflanzen nur minimal zu stören. Die aus Millionen Datenpunkten abgeleiteten Ergebnisse sind erstaunlich: Die Birken senken ihre Zweige und Blätter während der Nachtstunden um bis zu zehn Zentimeter ab und lassen sie erst vor Sonnenaufgang wieder in ihre Tagesposition zurückkehren. Physiologisch besteht kein Zweifel daran, dass diese periodischen Bewegungen eng mit dem Wasserhaushalt der Pflanzen verknüpft sind, aber der biologische Sinn solcher Bewegungsmanöver ist noch völlig rätselhaft – zumal sie nicht bei allen Pflanzenarten vorkommen.

Im Prinzip sind tagesperiodische Blattbewegungen auch bei Bäumen schon lang bekannt – so auch von der in Parkanlagen häufig angepflanzten Robinie (ein Vertreter der Schmetterlingsblütengewächse), die ihre zahlreichen Fiederblätter nächtens richtig schlaff hängen lässt. Aber so exakt wie bei den erwähnten Birken hat man die als Nyktinastie bezeichneten Schlafbewegungen von Zweigen und Blättern bislang noch nicht dokumentiert.

Nachts lässt die Birke Zweige und Blätter hängen.

Forsythie

Fassade mit Luftschächten

Blätter, Blüten und Früchte der heimischen Gehölze schaut man sich gelegentlich etwas genauer an. Aber die Rinde? Sie ist nicht nur bei der Forsythie sehenswert. Die Haut von Sträuchern und Bäumen ist mindestens so interessant wie die übrigen Pflanzenorgane. Sehen Sie selbst: Die Rinde ist keineswegs immer glatt und glänzend braun, sondern trägt fallweise hellere Punkte oder Striche. Diese Einrichtung nennt man Rindenporen oder Lentizellen. Eigentlich ist die Gehölzrinde ein gegen Außeneinflüsse abschirmendes Abschlussgewebe und hält buchstäblich recht dicht, womit sie Äste und Zweige auch vor unnötigen Wasserverlusten bewahrt. Ihr oft hoher Gerbstoffgehalt verhindert zudem, dass Kleintiere wie Insektenlarven beliebig daran herumknabbern.

Bei Forsythien sind nicht nur die Blüten interessant.

Wenn die Rinde die Pflanze aber so wirksam abschottet, besteht für die lebenden tieferen Rindengewebe das Problem der mangelnden Sauerstoffversorgung. Diese Schwierigkeit umgehen viele Gehölzarten mit der Einrichtung von Poren – den Lentizellen. Da diese Poren zahlreich sind und aus sehr lockerem Gewebe mit pulverig zerfallenen Zellen bestehen, kann der Luftsauerstoff leicht in die tieferen Rindenschichten eindringen.

Außer bei der Forsythie (*Forsythia × intermedia*) findet man Lentizellen unter anderem auch beim Schwarzen Holunder (*Sambucus nigra*) sowie bei Birke (*Betula pendula*) und Buche (*Fagus sylvatica*). Und jetzt wissen Sie es noch genauer: Auch die dunkelbraunen Striche, die den von der mediterranen Kork-Eiche (*Quercus suber*) stammenden Flaschenkork durchziehen, sind – und damit könnten Sie beim nächsten Festessen mächtig punkten – besonders groß geratene Lentizellen.

Bezeichnenderweise fehlen Lentizellen bei allen Gehölzen mit grüner Rinde: So wird man solche Luftschächte bei Ranunkelstrauch (*Kerria japonica*), Hecken-Rose (*Rosa canina*) oder Brombeere (*Rubus fruticosus*) vergebens suchen.

Die Rinde hat Luftlöcher.

Der Hopfen windet rechtsherum.

Hopfen

Verbogen und verschroben

Manches bewegt sich in der Natur im Kreis, anderes entwickelt sich zu hübschen Kurven. Der Hopfen bildet hier keine Ausnahme. Geheimrat Goethe hatte zeitlebens ein waches Auge für die Natur. So musste ihm zwangsläufig auffallen, dass „geradeaus" in der Natur eine zwar weit verbreitete, aber nicht die einzige Richtungsangabe ist. In einer besonderen Abhandlung („Über die Spiraltendenz der Natur") legte er seine Gedanken über Verbogenes und Verschrobenes im Aufbau der Lebewesen nieder. Gemeinsam ist solchen natürlichen Abweichungen von der Geradlinigkeit, dass sie immer erstaunlich regelhaft ausfallen und sich sogar mit mathematischen Gesetzmäßigkeiten beschreiben lassen.

Am auffälligsten zeigen sich pflanzliche Gewinde bei den Schlingern und Rankern. Windepflanzen sind grüne Emporkömmlinge, die nahezu beliebige Unterlagen als Stütze verwenden, sich dabei eine Menge Aufwand für eigene stabile Konstruktionen ersparen und stattdessen alle verfügbare Energie in rasches Längenwachstum investieren.

Bei den Schlingern umwickelt die wachsende Sprossspitze in Schraubengängen die Wuchsunterlage und bewerkstelligt so die nötige Befestigung. Acker- und Zaunwinde schrauben sich auf diese Weise elegant in die Höhe und auch die Feuerbohne erreicht in wenigen Wochen windungsreich das Ende der Bohnenstange.

Links- oder rechtsherum?

Die Windungsrichtung ist bei diesen Pflanzen ebenso strikt festgelegt wie bei Geißblatt, Gurke und Kürbis sowie der parasitischen Hopfenseide, die auf S. 53 vorgestellt wird. Die wachsende Sprossachsenspitze bewegt sich – wie bei den weitaus meisten Windepflanzen – jeweils gegen den Uhrzeigersinn, also linksherum. Das Ergebnis ist daher eine linksgewundene Spirale.

Hopfen, Wald-Geißblatt und Winden-Knöterich bilden in der heimischen Flora eine Ausnahme – sie sind notorische Rechtswinder. Wenn sich also Winde und Geißblatt gegenseitig umrunden, muss es folgerichtig zu erheblichen Verwicklungen kommen. Im Sommernachtstraum lässt Shakespeare seine Titania einen botanisch erstaunlich korrekten Vergleich ziehen („... ich will dich mit meinen Armen umfassen wie die Winde das süße Geißblatt umschlinge ...").

Jungfernrebe

Gesellschaft mit beschränkter Haftung?

Die Gewöhnliche und die Dreilappige Jungfernrebe erweisen sich als begabte Fassadenkletterer mit speziellen Werkzeugen. Die Weinrebe (*Vitis vinifera*), die Wildform der Kulturreben, ist im Prinzip eine heimische Liane der Flussauen, aber in Mitteleuropa vermutlich ausgestorben. Ihren Platz nehmen heute entlang der großen Flusstäler, aber auch im Siedlungsbereich die aus dem östlichen Nordamerika stammenden Arten Gewöhnliche (*Parthenocissus quinquefolia*) und Dreilappige Jungfernrebe (*Parthenocissus tricuspidata*) ein.

Spiderman ist blass dagegen

Das möchten wir auch können: Fast alle *Parthenocissus*-Arten erweisen sich als ungemein erfolgreiche Fassadenkletterer, weswegen man sie gern zur Begrünung von Hauswänden oder Dächern verwendet. Ihre besonderen Kletterwerkzeuge sind Sprossranken – in Haftscheiben umgewandelte, verzweigte Stängelenden. Bei der Gewöhnlichen Jungfernrebe sind es meist nur drei bis fünf Verzweigungen. Sie ist deswegen nur an ziemlich rauem Mauerwerk erfolgreich.

Eine manchmal als eigene Art unterschiedene Form (*Parthenocissus inserta*) entwickelt überhaupt keine Haftscheiben und gelangt daher nur an Kletterhilfen nach oben. Die dreilappige Verwandte schafft es mit ihren zahlreichen (meist fünf bis acht) an den verzweigten Rankenenden entwickelten Haftscheiben umso leichter.

Über eine gewöhnliche Stubenfliege, die sich scheinbar mühelos an einer senkrechten Glasscheibe niederlässt und keineswegs abrutscht, wundert sich kaum jemand. Dabei ist auch das diesem Sitzplatz zugrunde liegende Befestigungsmanöver absolut hinterfragungswürdig – zumal die Fliege von ihrem sicheren Ruheplatz auch sofort wieder davonsausen kann. Die Details der bemerkenswerten Biophysik einer tierischen „Gesellschaft mit beschränkter Haftung" sind derzeit Gegenstand intensiver Forschung.

Erfolg in der Senkrechten

Auch die sich dauerhaft anklebenden Jungfernreben verdienen Beachtung. Selbst an unverschämt glatten Hausfassaden sind sie fall- und formenweise bemerkenswert erfolgreich, indem sie winzigste Rauigkeiten ihrer Unterlage erbarmungslos ausnutzen. Ein Abreißen der Haftscheiben gelingt meist nicht – eher löst man Teile von Verputz oder Fassadenfarbe gleich mit ab.

Übrigens: Eine grüne oder im Herbst geradezu spektakulär karminrote Fassadenverkleidung aus Jungfernreben ist keineswegs eine direkte Einladung für (eventuell unwillkommene) tierische Invasoren in die Wohnung. Die meisten Arten fühlen den entscheidenden Unterschied zwischen innen und außen.

Die Dreilappige Jungfernrebe schafft jede Fassade.

Das Labkraut ist äußerst anhänglich.

Labkraut

Hier hakt es gewaltig

Manche schaffen es ohne nennenswerte Anstrengung, aber mit viel Raffinesse, ganz weit nach oben zu kommen. Unsere Flora liefert mit dem Kletten-Labkraut ein bewundernswertes Beispiel. Das Kletten-Labkraut (*Galium aparine*), volkstümlich wegen seiner Anhänglichkeit auch Klebkraut genannt, ist eine einjährige und deswegen krautige Liane, die zu den besonders erfolgreichen grünen Emporkömmlingen gehört. Die Art ist häufig und sehr weit verbreitet. Sie kommt vermutlich auch in Ihrem Garten vor. Inspizieren Sie doch mal Ihre Katze nach einer spätsommerlichen Exkursion in die Krautbestände des Umlands. Vermutlich werden Sie in ihrem Fell die eine oder andere grüne bis fahlbraune Kugel entdecken, die sie irgendwo unterwegs unfreiwillig eingesammelt hat.

Winzig, wirksam und zahlreich

Bleiben wir zunächst im Bereich des Stängels: Das Kletten-Labkraut entwickelt relativ dünne, aber deutlich vierkantige Stängel. Auf jeder Stängelkante sitzen – was Ihnen der Einsatz einer guten Lupe eindrucksvoll vor Augen führt – dicht gereiht kleine und nicht einmal einen halben Millimeter lange, steife und zudem glasklare Haare, die nur aus wenigen Zellen aufgebaut sind. Deren dünn auslaufende Spitze weist immer und ausnahmslos stängelabwärts.

Vergleichbare Haare finden sich an den Blättern – und zwar nur an den Rändern und auf der Unterseite an der recht prominenten Mittelrippe. Das Kletten-Labkraut entwickelt nur kurze Seitentriebe und die sind natürlich nach dem gleichen Muster ausgerüstet.

Mit diesem gigantischen Arsenal winziger, aber zahlreicher Steighilfen kann sich der wachsende Spross der Pflanze in alle möglichen Unebenheiten seiner Nachbarschaft einhaken. Sie können das an der eigenen Kleidung ausprobieren: Ein abgerupfter Stängel haftet, leicht angedrückt, absolut zuverlässig an jeglichem Textil, sogar am synthetischen Material der Hightech-Funktionsbekleidung.

Weil das Kletten-Labkraut im Prinzip nun lediglich recht schlaffe Stängel entwickelt und alle verfügbare Energie in ein bemerkenswert rasches Längenwachstum investiert, ist es deutlich schneller als die Konkurrenz und kann daher schon recht früh in der Vegetationsperiode seine unscheinbaren, weißen Blüten entfalten. Die Zartgliedrigkeit der Pflanze ist übrigens bemerkenswert: Sie stellt ihre Aufstiegshilfen keineswegs in den Schatten, sondern mogelt sich ohne nennenswerten Schaden für ihre direkte Nachbarschaft nach oben durch.

Immer bleibt etwas hängen

Zunächst dienen die zahlreichen rückwärts (also nach unten) gekrümmten Haare natürlich als Aufstiegshilfe. Zur Zeit der Fruchtreife erfüllen sie eine weitere Funktion: Größere Tiere wie Hirsche, Rehe oder Wildschweine (und eventuell auch Hunde) tragen zeitweilig ganze Pflanzen(teile) in ihrem Fell umher und verbreiten sie.

Es geht aber auch etwas bescheidener: Die kleinen, länglich ovalen Nussfrüchte tragen als Erbe des früheren Blütenkelchs ebenfalls einen dichten Besatz von Hakenhaaren, die aber im Unterschied zu den Stängel- und Blatthaaren einzellig sind. Die Früchte sind übrigens die kleinen kugeligen Gebilde, die Ihre Katze so zuverlässig ins Haus bringt. Beim verwandten Waldmeister (*Galium odoratum*) sind sie noch ein wenig größer, weswegen man sie – nicht zuletzt wegen ihrer Griffigkeit – früher gern als Stecknadelköpfe verwendet hat.

Die Kügelchen trägt die Katze nach Hause.

Linde

Warum die Säfte steigen

Bäume wie die Linde benötigen eine Menge Wasser. Aber wie kommt es dahin, wo es gebraucht wird? Sehen Sie doch einmal genau hin: Auf den ersten Blick scheinen die Landpflanzen bemerkenswert unpraktisch konstruiert zu sein, denn ihr vielteiliges, saftiges Blattwerk wird zwar bei

Die Blätter saugen das Wasser durch das Holz.

Regen ziemlich nass, aber erstaunlicherweise können sie damit gar nichts anfangen. Es ist ihnen nicht möglich, die himmlischen Güsse direkt mit den Blättern aufzunehmen.

Das saftige Grün, das an großen Laubbäumen wie den Linden vielleicht 20 oder noch mehr Meter hoch im Kronenraum sitzt, bekommt sein Wasser ausschließlich aus dem Boden. Die Feinwurzeln nehmen dieses unentbehrliche, flüssige Betriebsmittel grundsätzlich nur aus den Porenräumen zwischen den Bodenteilchen auf, leiten es durch die kräftigen Stützwurzeln in den Stamm und von dort durch Äste und Zweige.

Wer aber treibt das Wasser in die Höhe? Zeitweilig dachte man an eine Art Pumpleistung der Wurzeln. Einen gewissen Wurzeldruck gibt es tatsächlich, aber er reicht nicht einmal aus, die untersten Blätter einer Baumkrone zu versorgen. Die Sache funktioniert ganz anders.

Verdunstung zieht den Nachschub an

Wie die zum Trocknen auf der Leine flatternde Wäsche verlieren alle oberirdischen Teile einer Landpflanze und erst recht ihre dünnen Laubblätter ständig Wasser an die Atmosphäre. Der Grund dafür liegt in den großen Dampfdruckunterschieden zwischen dem Blattinneren und der frischen Außenluft. Bei der trocknenden Wäsche nennt man die Wasserdampfabgabe Verdunstung oder Evaporation. Bei den Blättern spricht man dagegen von Transpiration.

Alle Landpflanzen müssen das verlorene Wasser aus ihrem Wurzelmilieu ersetzen – einer ihrer wichtigsten Lebensprozesse. Dabei leisten sie Erstaunliches. Immerhin müssen Bäume das Wasser entgegen der Schwerkraft in größere Höhen verfrachten – bei manchen Arten wie dem australischen Eukalyptus oder dem kalifornischen Riesen-Mammutbaum bis in über 100 Meter Höhe. Ehe das Wasser im obersten Wipfelbereich ankommt, hat es also schon einen weiten Weg hinter sich.

Ein System von Leitungen

Schon im 17. Jahrhundert entdeckte der italienische Arzt und Naturforscher Marcello Malpighi (1628–1694), dass alle Pflanzenorgane von feinen, Wasser führenden Röhren durchzogen sind. Sie bilden im Prinzip eine durchgehende aufsteigende Wasserleitung wie in einem Hochhaus.

Diese das Wasser leitenden Röhren, Tracheen oder Gefäße genannt, können auch großkalibrig sein. Bei den ringporigen Hölzern wie Eiche, Esche, Ulme und Nussbaum kann man sie auf einem quer geschnittenen Stammstück mit bloßem Auge als millimetergroße Löcher erkennen. Bei den zerstreutporigen Hölzern wie Ahorn, Birke, Buche oder Linde sind sie deutlich kleiner und nur mit einer guten Lupe zu erkennen. Nadelholz besitzt überhaupt keine Gefäße, sondern nur relativ kurze, aber lückenlos miteinander verbundene Wasserleitzellen (Tracheiden).

Durchgehend fließendes Wasser

Das gesamte feine Röhrensystem eines Baums ist im Sommer mit Wasser – genauer mit einem ununterbrochenen Wasserfaden – angefüllt. Wenn nun die Blätter über ihre Spaltöffnungen an den Blattunterseiten Wasser verdunsten, entsteht dadurch ein Sog zu den grünen Blattgeweben. Sie geben den durch Wasserverlust entstandenen Unterdruck an die innere Wasserleitung weiter. Die Röhren in Blatt, Zweig, Ästen und Stamm decken dann ihren Bedarf in dieser Reihenfolge jeweils durch Nachtanken über die Wurzeln. Das geht ganz automatisch und kostet nicht einmal Kraft.

Den gesamten Baum durchzieht somit von der feinsten Wurzelspitze bis ins letzte Blatt ein feiner Wasserstrom, den man auch Transpirationsstrom nennt. Seine mittägliche Spitzengeschwindigkeit erreicht bei ringporigen Laubbäumen bis über 20 Meter in der Stunde, bei den zerstreutporigen dagegen höchstens sechs bis acht Meter. Die besonders wasserökonomischen Nadelhölzer bleiben fast immer unter zwei Meter pro Stunde. Bei ringporigen und Laubhölzern mit besonders dünner Rinde kann man den Wasserstrom mit einem Stethoskop, wie es die Ärzte zum Abhorchen ihrer Patienten verwenden, sogar als feines Rauschen hören.

Mehr als 130 Meter Höhe sind auch beim Eukalyptus nicht drin.

Die einfache, aber folgenreiche physikalische Basis des Aufwärtsstroms in einer Linde und allen anderen Bäumen ist der enorme Zusammenhalt der Wasserteilchen, die Kohäsionskraft des Wassers. Diese ist zwar beachtlich, aber dennoch begrenzt: Bei etwa 130 Meter Höhe reißt ein Wasserfaden unter seinem Eigengewicht ab. Bezeichnenderweise liegt hier auch die Maximalhöhe der Bäume – der kalifornischen Riesen-Mammutbäume ebenso wie der hochwüchsigen Eukalyptus-Arten.

Der Halm hat eine beachtliche Statik.

Roggen

Ein ziemlich starkes Stück

Eine Gras- oder Getreidepflanze wie der Roggen trägt auf einem dünnen Halm als Blüten- und später als Fruchtstand eine schwere Ähre oder Rispe – und bricht dennoch nicht zusammen. Ein einfacher Versuch zeigt, dass man den Halmen des Roggens sogar eine zweite oder dritte Ähre aufbinden kann. Er biegt sich dann zwar ein wenig stärker durch, knickt aber nicht weg. Worüber soll man mehr staunen – über die ausgesprochen grazile Gestalt des Halms oder seine beachtliche Statik?

Grashalme können bei vielen heimischen Wildgrasarten durchaus über einen Meter hoch werden. Trotz dieser Wuchshöhe ist der Halm an der Basis nur ungefähr drei Millimeter dick. Dicke und Höhe stehen also in einem Verhältnis von etwa 1 : 400. In technische Dimensionen übersetzt bedeutet das Folgendes: Fernmeldetürme, Fabrikschornsteine oder andere Hochbauten dürften bei 100 Meter Höhe an der Basis nur 1/400 ihrer Länge und somit allenfalls 25 Zentimeter Durchmesser aufweisen. Aus statischen Gründen ist ein solches Gebäude technisch nicht umsetzbar.

In günstigen Fällen weisen Lampenmasten, Antennentürme oder Brückenpfeiler ein Verhältnis um 1 : 50 auf. Sie lehnen sich zwar im Aussehen an einen Halm an, ohne seine statischen Qualitäten ganz zu erreichen. Der simple Grashalm ist offenbar den besten Leistungen der Ingenieure um Welten voraus. Wie ist das möglich?

Materialökonomie pur

Gras- und Getreidehalme sind bis auf die von außen sicht- und fühlbaren Blattknoten hohl. Das ist das besondere Merkmal von Halmen im Unterschied zu den von Mark erfüllten Stängeln. Sie verbinden also ihre bemerkenswerte Standfestigkeit auch noch mit einer beachtlichen Materialersparnis. Die dünnen Halmwände werden von mehreren feinen Fasersträngen durchzogen. Diese dienen als Leitbündel der Stoffleitung.

Eine kräftigende Ummantelung aus verholztem Gewebe steift die Leitungen individuell und rundum aus. Alle diese verholzten Teile liegen im Halm ganz weit außen, beinah direkt unter der Oberfläche. Gerade diese Anordnung verspricht eine besondere Biegefestigkeit. Die übrigen Zellen der Halmgewebe sind prall mit Wasser gefüllt und stehen folglich ganz schön unter Druck. Auch das wirkt festigend.

Rose

Dornen oder Stachel?

Gewiss erinnern Sie sich gern: Die rote Rose beim Rendezvous war eine klare Ansage. Doch eine Rose hat auch unangenehme Eigenschaften … Die Rose gilt offenbar schon seit Jahrhunderten als fester Bestandteil des menschlichen Balzverhaltens. Schon im Altertum galt sie als bedeutende Symbolpflanze und war, wie es ihr klassisches und bis heute fortbestehendes Einsatzgebiet nahelegt, ein besonderes Attribut der griechischen Aphrodite beziehungsweise der römischen Venus.

Eine Sache mit Haken

Alle heimischen Wildrosen wie die häufige Hunds- oder Hecken-Rose (*Rosa canina*) sowie die in unübersichtlicher Typenfülle angebotenen Gartenrosen tragen auf den Blattunterseiten und an den Stängeln betont spitze und oft rötlich ausgefärbte Auswüchse in unterschiedlicher Anzahl, aber von erbarmungsloser Eindringlichkeit. Bei den Wildrosen erscheinen solche Enterhaken als Klimm- und Kletterhilfen durchaus nützlich zu sein, aber bei der mit viel Emotion überreichten Edelrose sind sie doch recht unpraktisch.

Das – übrigens auch tiefenpsychologisch durchaus bemerkenswerte – Bild vom unzugänglichen *Dorn*röschenschloss und seiner verschlafenen jungfräulichen Bewohnerin begründet die landläufige Einschätzung, die spitzen Hakengebilde am Rosenblatt und -stängel seien widerwärtige Dornen. Für diese unangenehmen Pflanzenteile haben die Botaniker aber auch noch eine andere Bezeichnung, denn es könnte sich dabei ja auch um Stacheln handeln. Wenn diese erst einmal tief im Fleisch sitzen, kommt ebenfalls keine Freude auf. Aber worin bestehen die Unterschiede?

Pflanzliche Festungen

Nach strikt botanischer Festlegung sind Dornen komplett umgewandelte Pflanzenorgane, die aus Sprossachsen oder Blättern hervorgehen. Wenn das Endstück einer Sprossachse sein Längenwachstum vorzeitig einstellt, endet die Achse als manchmal langer und immer spitzer Sprossdorn.

Beispiele dafür bieten die Schlehen (*Prunus spinosa*), die man wegen ihrer fast fingerlangen Dornen auch Schleh- oder Schwarzdorn nennt. Auch bei den Weißdorn-Arten (*Crataegus* spp.) oder beim Feuerdorn (*Pyracantha coccinea*) kommen sie vor und sind ebenfalls Namensbestandteil.

Keine Rose ohne Dornen?

Auch Blätter können sich zu dornigen und dann buchstäblich unfassbaren Gebilden vereinfachen. Dann liegen die durchaus eindringlichen Blattdornen vor: Bei der Robinie (*Robinia pseudacacia*) sind es die umgewandelten Nebenblätter und auch die Berberitze (*Berberis vulgaris*), die bezeichnenderweise auch unter dem Namen Sauerdorn bekannt ist, verhindert auf diese Weise Handgreiflichkeiten. Übrigens: Auch bei allen Kakteen liegen immer Blattdornen vor.

Total oberflächlich

Im Unterschied zu den Dornen sind Stacheln immer nur besondere Oberflächenbildungen, vor allem an Stängeln. Gewöhnlich gehen sie aus den äußeren Gewebeschichten der Stängelrinde hervor. Deshalb sitzen sie auch nur verhältnismäßig locker an und lassen sich durch seitlichen Druck leicht wegknicken. Exakt so liegen die Dinge bei den Wild- und Gartenrosen.

Ach ja, und noch etwas: Das berühmte „Hohe Lied" aus dem Alten Testament verkennt den botanischen Sachverhalt total und schwärmt unverdrossen: „Wie eine Rose unter den Dornen, so ist meine Freundin". Und was ist vor diesem Hintergrund mit der Stachelbeere (*Ribes uva-crispa*)? Die dichten, feinen Auswüchse der Beerenhaut, die sich anfühlen wie ein Dreitagebart, sind wirklich Stacheln, aber die unverschämten Spitzen im Gezweig sind veritable Dornen.

Es sind wohl doch Stacheln ...

Gut gegen Skorbut – das Scharbockskraut.

Scharbockskraut

Vermehrung ohne Blümchensex

Als Frühlingsboten werden Sie diese kleine Pflanze gewiss begrüßen: Spätestens ab März überzieht das Scharbockskraut Laubwald- und Parkböden mit sternchenförmigen, kräftig gelben Blüten. Das Scharbockskraut (*Ranunculus ficaria*) ist eine durchaus bekannte Erscheinung der heimischen Wildflora und dennoch eine Pflanze mit vielen kleinen Geheimnissen. Es ist zwar mehrjährig, verabschiedet sich aber spätestens Ende Mai wieder mit welkenden Blättern. Schon der deutsche Artname ist erläuterungsbedürftig: Scharbock ist keine vergessene Haustierrasse, sondern die frühere Bezeichnung für Skorbut, eine schwere Erkrankung infolge von chronischem Vitamin-C-Mangel.

Als es noch keine geregelte Versorgung mit pflanzlicher Frischkost gab, litten unter Skorbut vor allem Seeleute bei ihren monatelangen Fahrten. Schon im 18. Jahrhundert war jedoch bekannt, dass man den eventuell sogar tödlichen Skorbut mit den Blättern von Scharbockskraut behandeln

Die Blüte hat acht bis zwölf Nektarblätter.

kann, sogar, wenn sie getrocknet sind. Vor der Blüte ist deren Verzehr unbedenklich. Während und nach der Blüte enthalten die Blätter kritische Mengen des unangenehm scharf schmeckenden Alkaloids Protoanemonin.

Frucht und Samen: Fehlanzeige

Trotz des reichlichen Insektenbesuchs setzen die Blüten der mitteleuropäischen Exemplare des Scharbockskrauts keine Früchte an – die Pflanzen bleiben steril. Dafür sind genetische Gründe verantwortlich: Die mitteleuropäischen Pflanzen sind meist triploid – sie besitzen statt der normalen zwei gleich drei Chromosomensätze und das führt meist zu Fruchtbarkeitsstörungen. Neben den triploiden gibt es auch tetraploide Formen mit vier Chromosomensätzen, und auch in diesen Fällen ist die Genwirkung offenbar unbalanciert. In Südwesteuropa kommen jedoch normale, diploide Exemplare vor, die auch ganz normal fruchten.

Wenn also die Normalroute der Fortpflanzung fallweise nicht funktioniert, muss es eine andere Form der Vermehrung geben, denn immerhin ist das Scharbockskraut eine recht häufige Art. Tatsächlich entwickeln die samensterilen Formen in den Achseln der unteren Blätter weiße, ungefähr getreidekorngroße Brutknöllchen (auch Bulbillen genannt). Sie entstehen durch die Umwandlung unterdrückter Seitenzweiganlagen. Noch vor dem Ende der Blütezeit lösen sie sich ab, fallen zu Boden und keimen in der Folgesaison zu neuen Pflanzen aus. Die an den Wurzeln sitzenden feigwarzenartigen Wurzelknollen, die jährlich neu angelegt werden, dienen nicht der vegetativen Vermehrung, sondern sind lediglich Stärke- und damit Energiespeicher für einen erfolgreichen Start im kommenden Frühjahr.

Bemerkenswertes zu den Blüten

Bei den übrigen *Ranunculus*-Arten treten die Blütenhüllblätter jeweils in Fünfzahl auf. Beim Scharbockskraut sind es dagegen immer nur drei kelchblattartige äußere Hüllblätter (Perigonblätter) und acht bis zwölf kronblattähnliche Nektarblätter. Ob alternativ die Perigonblätter als Kelch und die Nektarblätter als Krone aufzufassen sind, führt übrigens unter den Blütenmorphologen immer wieder zu „Glaubenskriegen".

Viel interessanter ist folgende Beobachtung: Von den knallgelben Blütenhüllblättern glänzt nur der vordere Teil – er reflektiert die UV-Anteile aus dem Sonnenlicht sehr stark. Der untere Teil sieht dagegen matt und trübgelb aus – hier wird der größte Teil der auftreffenden UV-Strahlung absorbiert. Die Blüte sieht also für UV-tüchtige Insekten enorm kontrastreich aus – fast schwarz in der Mitte und geradezu glamourös in den Außenbereichen.

Schlickgras

Wie eine neue Art entstand

Ausgerechnet an Ihrem Urlaubsort an der Küste könnte Ihnen eins der jüngsten Beispiele der Pflanzenevolution begegnen – das Schlickgras. Auf tonigen Böden an der geschützten Wattseite der friesischen Inseln bildet das Schlickgras in der oberen Gezeitenzone ausgedehnte, mitunter sogar tennisfeldgroße Bestände. Dieses salzwasserfeste Süßgras ist eine bis über einen Meter hohe, ziemlich kräftige Pflanze. Insofern ist der vom Standort abgeleitete deutsche Name überaus treffend.

Von der Uferlinie aus erscheinen die Schlickgras-Horste wie locker verteilte grüne Mini-Oasen im sonst eher monochrom graubraunen Schlickwatt. So gewinnt man den Eindruck, die Pflanze habe hier schon immer gesiedelt und sei einfach ein normaler Bestandteil der Blütenpflanzenflora in einem Lebensraum, der ökologisch schwierig und deswegen nur von ausgesprochenen Standortspezialisten zu bewältigen ist.

Tatsächlich gibt es diese Grasart in der „reinen" Natur überhaupt nicht. Sie entstand nämlich erst unbeabsichtigt unter der Hand des Menschen – sozusagen als Anschauungsstück für Evolution auf Art-Ebene.

Was lief da ab?

Von der westafrikanischen bis zur westeuropäischen Küste kommt auf Salzschlick in der oberen Gezeitenzone eine als *Spartina maritima* beschriebene Schlickgras-Art vor. In Südengland erreicht sie an der Ärmelkanal-Küste die Ostgrenze ihrer natürlichen Verbreitung. In der Nähe von Southampton bemerkte man 1816 eine zweite, in Europa zuvor unbekannte Art, nämlich *Spartina alterniflora*, die offensichtlich mit dem transatlantischen Schiffsverkehr aus dem östlichen Nordamerika eingeschleppt worden war und bis heute nur eine kleine Lokalpopulation aufbauen konnte. Das wäre nun weiter nicht allzu erstaunlich, denn vergleichbare Verschleppungen quer über den Atlantik sind angesichts der Ausmaße des transozeanischen Warenaustauschs nicht selten.

Im Jahre 1870 schauten sich die botanisch interessierten Gebrüder Groves die *Spartina*-Bestände an der englischen Südküste genauer an und stellten überrascht fest, dass sich aus *Spartina maritima* und *Spartina alterniflora* durch Kreuzung inzwischen ein etwas anders aussehender Bastard gebildet hatte. Er erhielt den Namen Townsend-Schlickgras (*Spartina*

× *townsendii*). Diese Pflanzen sind jedoch pollensteril, sodass sie sich nur vegetativ vermehren können.

Die Pollensterilität geht oftmals und auch in diesem Fall darauf zurück, dass sich die von artverschiedenen Eltern stammenden Chromosomen während der Reifungsteilung (Meiose) nicht programmgemäß paaren und daher Störungen bei der anschließenden Verteilung eintreten. Dieses Problem ist jedoch relativ einfach zu überwinden: Alle vorhandenen Chromosomen müssen sich verdoppeln – dann trifft nämlich ein jedes davon auf seinen passenden Paarungspartner und die Reifungsteilung kann perfekt inszeniert werden.

Eine neue Art mit doppelt so vielen Chromosomen.

Genau dies ist bei der hybriden *Spartina* spontan eingetreten: Um 1890 fand man in Südengland einen ausgesprochen wüchsigen, kräftig gelbgrün gefärbten und vor allem fertilen Bastard, der statt der 62 Chromosomen der Elternarten *Spartina maritima* und *Spartina alterniflora* beziehungsweise des Bastards *S.* × *townsendii* tatsächlich 124 Chromosomen aufwies. Er erhielt die wissenschaftliche Bezeichnung *Spartina anglica* und ist demnach eine völlig neue Art, die sich auch im Aussehen von ihren eher rötlich überlaufenen Eltern klar unterscheidet. Nach dem Chromosomenbild bezeichnet man solche Formen als amphidiploid oder allopolyploid.

Das ging nicht gut

Wegen ihres bemerkenswert kräftigen Wuchses hat man die neue und dritte europäische *Spartina*-Art seit den 1920er-Jahren an etlichen Stellen in den friesischen Wattengebieten gezielt angepflanzt, weil man sich davon für den Küstenschutz eine besonders wirksame Anschlickung versprach. Diese Erwartungen haben die Hybrid-Schlickgräser jedoch nicht erfüllt, aber präsent sind sie noch immer.

Die rötliche Färbung ist ein Sonnenschutz.

Teufelsseide

Die lässt nicht locker

Ein Gewirr bleicher bis rötlicher und höchstens millimeterdicker Fäden ohne erkennbare Blätter – die Teufelsseide ist eine außergewöhnliche Pflanze. Eine ganz normale Blütenpflanze stellen Sie sich vermutlich völlig anders vor – eben mit ordentlich entwickelter, aufrechter Sprossachse, nach festen geometrischen Regeln daran verteilten Laubblättern und vor allem grün. Und dann dieses Kontrasterlebnis: Die fädige Teufelsseide trägt im Hochsommer viele etwa erbsengroße Blütenstände. Sie klammert sich an krautige Pflanzen und überzieht sie mit einem dichten Schleier. Man findet diese seltsamen Gebilde gar nicht so selten in der Begleitvegetation der großen Flusstäler und oft auch in küstennahen Heidegebieten.

Gewöhnungsbedürftig

Nach einer „richtigen" Pflanze sehen diese eigentümlichen Gewächse nun wahrhaftig nicht aus, und deswegen hat man ihnen regional auch allerhand seltsame Namen gegeben: Hexenseide, Teufelszwirn oder Kleewürger sind verbreitete Bezeichnungen. In der regulären Botanik fasst man sie unter der Bezeichnung Seide in der Gattung *Cuscuta* zusammen. In Mitteleuropa kommen etwa zehn nicht ganz einfach unterscheidbare Arten vor. Sie hat man früher in eine eigene Pflanzenfamilie (Cuscutaceae) gestellt. Nach molekularen Daten ordnet man sie heute den Windengewächsen (Convolvulaceae) zu.

Die meist einjährigen Seide-Arten sind ziemlich kuriose Blütenpflanzen. Ihre Samen keimen ohne Keimblätter und ohne Wurzel. Die fädigen Keimlinge werden von besonderen Stoffen ihrer Wirtspflanzen angelockt, die je nach Art der Seide unterschiedlich sind. Da die Samen im Vorjahr ohnehin im Wuchsbereich der Wirtspflanzen ausgeworfen wurden, sind die Wege meist nicht lang.

Sobald ein *Cuscuta*-Keimling ein passendes Wirtspflanzenorgan erreicht hat, entwickelt er besondere Saugorgane und umwindet seinen Träger im Gegenuhrzeigersinn. Diese handförmig verzweigten Saugorgane dringen durch das Gewebe bis zu den Leitbahnen der Wirtspflanze vor, zapfen diese an und entnehmen hier außer Wasser und Mineralstoffen auch organische Moleküle. Die Details der Stoffüberleitung vom Wirt zum Parasiten sind noch nicht genau bekannt, aber sie funktionieren offensichtlich exzellent.

Die *Cuscuta*-Arten zapfen sich übrigens auch gegenseitig an. Diese faszinierenden Pflanzen sind von ihren Wirten abhängige Vollparasiten. Sie besitzen zwar noch gewisse Minimalmengen an Blattgrün in weitgehend degenerierten Chloroplasten (den Organellen, die für die Fotosynthese zuständig sind), aber für die Eigenversorgung reicht das alles überhaupt nicht aus. Ihre rötliche Färbung ist dagegen eine Art Sonnenbrille: Die dafür verantwortlichen Farbstoffe (Anthocyane) absorbieren an den immer hellen Standorten von *Cuscuta* die kritische kurzwellige Strahlung.

Zaunrübe

Federnd aufgehängt

Vorsicht mit diesem aparten Schmuckstück: Die heimische Kletterpflanze Rotbeerige Zaunrübe gehört zwar zu den ansonsten kulinarisch geschätzten Kürbisgewächsen, ist aber enorm giftig. Obwohl die Rotbeerige Zaunrübe (*Bryonia dioica*) nur relativ kurzlebige Klettersprosse entwickelt, besitzt sie als Überdauerungsorgan eine erstaunlich dicke Wurzelrübe, die nach dem Anschneiden bemerkenswert übel „duftet". Die Nase werden wir aus guten Gründen verschonen, aber Ihre Augen bekommen gleich etwas Ungewöhnliches zu sehen: Als Kletterhilfe entwickelt die Zaunrübe den Laubblättern gegenüberstehende Ranken, die im unteren Teil aus Sprossgewebe bestehen, im oberen Teil dagegen ein umgewandeltes Laubblatt darstellen. Der vordere Teil dieser bis über 20 Zentimeter langen Ranken führt im Uhrzeigersinn kreisende

Suchbewegungen aus, bis er auf ein festes Hindernis stößt. Innerhalb weniger Minuten krümmt sich der berührte Rankenteil durch starkes Wachstum der Rückseite ein und befestigt sich an der aufgefundenen Kletterhilfe.

Dann setzen bemerkenswerte weitere Wachstumsprozesse ein: Die befestigte Ranke rollt sich, von der Rankenmitte ausgehend, spiralig mit Rechtswindungen (wiederum im Uhrzeigersinn) ein. Im Ergebnis entsteht ungefähr in der Rankenmitte ein u-förmiger Umkehrbogen.

An ihrer Basis weist die Ranke also linksläufige Wendeln auf, hinter dem Umkehrbogen dagegen rechtsläufige. Bei sehr langen Sprossranken können auch zwei oder mehr Umkehrbögen eingerichtet werden. Diese Befestigungstechnik steht in der heimischen Flora einzigartig da.

Übrigens können Sie ganz leicht erkennen, ob Sie eine weibliche oder männliche Pflanze vor sich haben: Weibliche Exemplare zeigen tiefer und schmaler gelappte Blätter als die männlichen. Und noch etwas: Die nicht gerade häufige Sandbiene *Andrena florea* sammelt für ihre Nachkommen ausschließlich den Pollen der beiden heimischen *Bryonia*-Arten.

Die Zaunrübe wechselt die Windungsrichtung.

Besonderheiten über Blätter

Mit den an fast jeder Landpflanze vorhandenen Blättern treffen wir auf das dritte der drei pflanzlichen Grundorgane. Sie sind bewundernswerte Leistungszentren, denn vor allem in ihren grünen Geweben läuft der Prozess der Fotosynthese ab. Obwohl Blätter verschieden aussehen, ist ihr innerer Aufbau immer der gleiche. Damit halten sie fast die gesamte heutige Biosphäre in Schwung. Einige ungewöhnliche Blatttypen stellt dieses Kapitel vor.

Ahorn

Extrem bunter Abfall

Gegen Ende der Vegetationsperiode inszeniert die heimische Gehölzflora ein unglaubliches Farbspektakel. Eines der sich besonders heftig umfärbenden Gehölze ist der Spitz-Ahorn. Der Laubaustrieb im Frühjahr löst mit seinen Grünnuancen die winterliche Graubraun-Monochromie ab, und vor dem herbstlichen Blattfall bieten die sommergrünen Sträucher und Bäume eine vielstufige farbliche Bandbreite zwischen verhaltenem Käsegelb und flammendem Karminrot.

Schon allein die fast bis zur Aufdringlichkeit gesteigerte Farbigkeit mancher Gehölze wie zum Beispiel des Spitz-Ahorns (*Acer platanoides*) bietet genügend Anreiz, die enorme Buntheit nicht nur als dekorative Beigabe der Herbstwochen zur Kenntnis zu nehmen, sondern auch einmal kritisch zu hinterfragen. Dabei sind vor allem der biologische Hintergrund und die Bedeutung der geradezu dramatischen, vergleichsweise schnell ablaufenden Veränderungen interessant.

Planmäßige Inszenierung

Die enge Koppelung der herbstlichen Laubfärbung an den Zeitpunkt des Blattabwurfs verdeutlicht, dass das Umfärben der Blätter mit dem zu Ende gehenden Stoffwechsel der alternden und kurz darauf auszurangierenden Blattmasse in Zusammenhang steht. Wichtiger Signalgeber dieser Ereignisfolge, die der Vorbereitung der Pflanzen auf die Winterruhe dient, ist die abnehmende Tageslänge.

Nur bei Laubgehölzen, die künstlich unter einem Langtagregime verbleiben – etwa einzelne Kronensegmente von Straßenbäumen im direkten Lichtkegel der Straßenbeleuchtung – fällt die Umfärbung aus. Deren Blätter sind – sofern zuvor keine strengen Nachtfröste eintreten – auch noch bis weit in den Dezember grün.

Rechtzeitiger Stoffrückruf

Die herbstliche Laubfärbung versteht man heute so, dass die winterkahlen Gehölze vor der Verabschiedung der Blätter eine Art Materialrecycling einleiten: Dazu exportieren sie einen großen Teil an Stickstoff- und Phosphor-Komponenten aus dem Stoffbestand der mittleren Blattzellen und führen ihn ihren Depots zu – den Markstrahlen im Holzkörper.

Der Spitz-Ahorn leuchtet im Herbst.

Auffälliges äußeres Zeichen dieser Rückrufaktion ist der kurzfristig vollzogene Abbau des Blattgrüns (Chlorophyll), während die in den Blattzellen vorhandenen gelblichen bis rötlichen Farbstoffe (Karotinoide) vor Ort verbleiben. Sie stellen jetzt den überwiegenden Pigmentbestand der Blätter. Das Ergebnis sind in warmem Gelb verfärbte Bäume und Wälder.

Die Logistik der Stoffverlagerung bildet sich im Blatt ab: Zunächst verfärben sich die Randbereiche, während die Säume entlang der Leitgewebestränge (Blattnerven) noch grün bleiben. Bei diesem Ablauf sind auch Störfälle und Abweichungen zu beobachten. Andererseits sorgt bei den Erlen die Wurzelsymbiose mit Stickstoff bindenden Bakterien (Sie haben darüber schon auf S. 11 gelesen) offenbar für eine besonders üppige Versorgung, die keine Sparmaßnahmen erfordert: Bei diesen Arten fallen die Blätter immer grün ab.

Gelbe und rote Karte?

Der Rückzug der grünen Blattfarbstoffe erklärt uns aber nur einen Teil des Erscheinungsbilds des Herbstlaubs, wie wir ihn vor allem bei den Lichtholzarten (schnellwüchsige Arten mit hohem Lichtbedürfnis) beobachten können: Das prächtige Sattgelb etwa von Spitz-Ahorn, Rot-Buche oder Schwarz- beziehungsweise Hybrid-Pappel geht auf deutlich höhere Karotinoidmengen zurück, als sie zuvor im sommerlich grünen Blatt vorhanden waren. Es findet also auch eine Neusynthese statt. Ein besonderer Vorteil dieser Ausfärbung ist allerdings kaum zu erkennen.

Schwarz-Pappeln werden sattgelb.

Schattengehölze, die in ihrer Kohlenstoff-Gesamtbilanz weniger begütert erscheinen, bauen auch die Karotinoide ab und sehen, wie etwa die heimischen Holunder-Arten, im Herbst besonders blass aus.

Fallweise und zum Teil artspezifisch verfärbt sich das Herbstlaub indessen intensiv rot. Dabei beladen sich die Vakuolen (von Membranen umschlossene Räume) der mittleren Blattzellen heftig mit wasserlöslichen Farbstoffen aus der Stoffklasse der Flavonoide, vor allem mit rötlichen Anthocyanen. In Kombination mit den übrig gebliebenen Karotinoiden sorgen sie für besonders leuchtende Farben zwischen Orange- und Flammenrot.

Auch die Anthocyanbeladung der Vakuolen erscheint letztlich eine unnütze und Ressourcen verbrauchende Neusynthese zu sein. Im Unterschied zur Gelbfärbung durch übrig gebliebene Karotinoide scheint sie der Rettung recyclingfähiger Stickstoff und Phosphor enthaltender Baustoffe entgegenzuwirken. Vermutlich stellt sie eine nicht mehr aufzuhaltende Überschussreaktion dar: Bei der Mobilisierung der gebundenen Stickstoffreserven spielt ein Enzym (ein als Katalysator wirkendes Eiweiß) eine besondere Rolle, das einen bestimmten Stoffwechselweg auf Touren bringt und diesen erbarmungslos bis zur Endstation Anthocyan arbeiten lässt.

Brennnessel

Das geht unter die Haut

Man muss Sie gewiss nicht darauf hinweisen: Auch draußen in der Natur ist respektvoller Umgang angesagt, da Pflanzen wie die Brennnessel wehrhaft sind. In der heimischen Flora kommen etliche Arten von Dorn- und Stachelpflanzen vor, die sich bei unvorsichtiger Annäherung ziemlich zuverlässig in Hemd, Hose und Haut verhaken. Die ausgeprägte Wehrhaftigkeit solcher Pflanzen ist jedoch meist so deutlich zu erkennen, dass man ihnen leicht aus dem Wege gehen kann. Leider ist das jedoch nicht immer so: Die feinen, aber unangenehmen Sticheleien der Brennnesseln umgehen Sie erst dann, wenn Sie damit bereits hautnahe Erfahrungen hinter sich haben. Von den fünf mitteleuropäischen Arten sind die Große Brennnessel (*Urtica dioica*) in Wäldern und an Wegrändern sowie die Kleine Brennnessel (*Urtica urens*) auf Hackfruchtäckern besonders häufig.

Raffiniert und funktionssicher

Die nur wenige Millimeter langen Brennhaare der Brennnesseln sind höchst eigenartige Gebilde, die Sie unbedingt einmal genauer unter die Lupe nehmen sollten: Nur so erkennen Sie die erstaunlichen technischen Finessen. Jedes Brennhaar besteht nur aus einer einzigen, dafür aber besonders großen Zelle mit verdickter Basis und lang ausgezogener Spitze. Daran sitzt seitlich ein kleines, rundliches Köpfchen.

Die kugelige Zellbasis steckt in einem grünen Gewebehöcker und ist betont elastisch. Der längliche Brennhaarteil ist dagegen starr und biegefest, die Spitzenregion sogar ausgesprochen spröde. Bei unachtsamer Berührung wird das Brennhaar augenblicklich kopflos – das Haarköpfchen bricht weg und hinterlässt eine scharfkantige, ritzende Bruchstelle, die sofort und mühelos in die Haut eindringt – ähnlich wie eine Glasampulle, der man zum Entleeren ein Ende weggebrochen hat.

Augenblicklich entleert das Brennhaar in der Haut seinen Inhalt so, wie das Schreibpapier durch Kapillarwirkung die Tinte aus der Füllerfeder zieht. Meist wird es bei der Berührung auch noch leicht geknickt. Dabei gerät die verdickte Zellbasis unter Druck, gibt den Druck an die Brennhaarkanüle weiter und entleert somit den gesamten Inhalt in die zuvor angeritzte Haut. Die gesamte Attacke vollzieht sich in Bruchteilen einer Sekunde – man spürt es eben sofort, wenn man bei einer Brennnessel unliebsam Anstoß erregt hat.

Attacke mit komplexem Stoffmix

Augenblicklich rufen die aus dem Brennhaar injizierten Stoffe (unter anderem das biologisch hochwirksame Histamin, ein hormonartiger Stoff) in der Haut mit Rötung, Schwellung, Erwärmung und Schmerz eine klassische Entzündungsreaktion hervor. Außerdem gehört zur chemischen Ausstattung der Brennhaar-Giftspritze die fatale Substanz Acetylcholin, die buchstäblich auf die Nerven geht und sie stark erregt.

Nur bei nackter Haut funktioniert dieser recht unfreundliche Empfang – Kleidung können die Brennhaare nicht durchdringen. Singvögel, die an den Brennnesseln herumturnen und die Samen fressen, sind durch ihr Gefieder geschützt und haben ebenso wenig Probleme wie eine dickfellige Katze, die im Brennnesseldickicht die Mäuse beschleicht. Auch die Raupen von Tagpfauenauge oder Kleinem Fuchs, die von Brennnesselblättern leben, sind für die winzigen Giftspritzen unerreichbar, denn sie sind viel zu klein. Die pflanzliche Abwehr arbeitet eben selektiv.

In Feuchtwiesen an Bach- und Flussufern kommt gelegentlich eine Brennnessel ganz ohne Brennhaare vor, sozusagen der Skinhead innerhalb der Gattung. Manche Floren fassen sie als besondere Form der Großen Brennnessel auf, andere behandeln sie als eigene Spezies Auen-Brennnessel (*Urtica subinermis*).

Insgesamt verursachen die heimischen Brennnesseln außer den bekannten und eventuell stundenlangen Hautirritationen keine ernsthaften Probleme. Eine Ausnahme betrifft Personen mit ausgeprägter Wespenstich-Allergie, denn das Wespengift ist ähnlich zusammengesetzt wie der Brennhaar-Giftmix. Echt problematisch ist dagegen die in Neuseeland vorkommende *Urtica ferox*. Sie kann für den Menschen und auch für Hunde oder andere Tiere durchaus lebensbedrohlich werden.

Brennnesseln sind ausgesprochen wehrhaft.

Buche

Grüne Inseln im braunen Laub

Motiviert für etwas Auffälliges beim herbstlichen Waldspaziergang? Schauen Sie sich einmal die Buchenblätter genauer an. In den schon weitgehend bräunlichen Blättern der Rot-Buche (*Fagus silvatica*) und häufig auch von Ahorn, Birke oder Eiche finden sich nicht selten zwischen Hauptrippe und Seitenadern des Blatts einzelne Segmente in leuchtend frischem Grün, vorerst bleibende kleine grüne Inseln.

Noch genaueres Hinsehen liefert eine bemerkenswerte Erkenntnis: Zu jeder dieser grünen Blattinseln gehört der schmale Fraßgang (= Mine) einer Insektenlarve, einer winzigen Raupe aus der Verwandtschaft der Zwergmotten (meist Arten der Gattungen *Nepticula* oder *Stigmatella*), die mit drei bis fünf Millimeter Flügelspannweite zu den kleinsten Schmetterlingen überhaupt gehören. Man erkennt sie am besten, wenn man ein solches Blatt gegen das Licht hält.

Stoffliche Störenfriede

Obwohl sie so klein sind, bringen die minierenden Miniraupen tatsächlich die planmäßigen stofflichen Abläufe der betroffenen Blattregion völlig durcheinander. Beim Durchtunneln des saftigen grünen Blattgewebes zerstören sie unter anderem auch die feinen Leitbahnen, die die gesamte Blattfläche als reich verästeltes Netzwerk durchziehen. Dabei trennen sie kleinere Blattareale von den stofflichen Flüssen der übrigen Blattfläche ab. Daher können sich die in das Blatt einströmenden Pflanzenhormone, welche die anstehende Blattumfärbung koordinieren, nicht mehr gleichmäßig ausbreiten. Folglich bekommen die isolierten Gewebebezirke den entscheidenden Hinweis zum Blattgrünabbau und zu den sonstigen stofflichen Rückzugsmanövern gar nicht mehr mit.

Derartige Eingriffe in die Betriebsabläufe eines Laubblatts wären an sich schon raffiniert genug, aber die Räupchen setzen noch eins drauf: Sie geben aus speziellen Drüsen in ihrem Kopfbereich besondere Signalstoffe (Cytokinine) ab, wie sie sonst nur die Pflanze produziert. Damit können sie den sonst schrittweise erfolgenden Blattgrünabbau in den betreffenden Blattfeldern für etliche Tage bis Wochen zuverlässig blockieren.

Manche Blatteile bleiben auch im Herbst grün.

Vorausschauende Vorsorge

Für die im Blatt minierenden Insektenlarven hat ihre Tätigkeit eine enorm praktische Konsequenz: Die fortbestehenden grünen Inseln bieten ihnen dann nämlich noch weit in die Herbstwochen hinein jede Menge appetitliches Frischfutter, sodass sie ihre Entwicklung noch nach der Vegetationsperiode zu Ende bringen können. Wenn die minierenden Larven schon vorher mit ihrem fallenden Blatt zu Boden segeln, bleibt ihnen sogar der mutige Sprung aus luftiger Höhe erspart. So können sie sich sofort im Boden verkriechen, wo sie sich verpuppen und im nächsten Sommer als fertige Falter wieder Eier in die frischen Blätter legen.

Douglasien-Nadeln sind lang und schmal.

Douglasie

Blattwerk im Nadelstreifenlook

Nadelblätter fallen nicht nur dadurch auf, dass sie meist dauerhafter als Laubblätter sind – sie unterscheiden sich auch deutlich in ihrem Aufbau. Die hellgrün benadelte Europäische Lärche ist eine Ausnahme – sie ist nämlich sommergrün und verliert im Winter ihre Nadeln. Bei allen übrigen in Gärten, Parks und Forsten angepflanzten Nadelhölzern bleiben die Blätter normalerweise viele Jahre lang am Gezweig – sie sind sozusagen immergrün. Das eigentlich Interessante sind jedoch die Unterseiten der Nadelblätter.

Schon mit bloßem Auge ist zu erkennen, dass die Nadelblätter etwa von Fichte, Kiefer oder Douglasie keine Blattnerven aufweisen oder allenfalls einen feinen Mittelstrich zeigen. Im Unterschied zu den flächigen Laubblättern erscheinen sie auch im Gegenlicht nicht transparent. Irgendwie scheinen die Nadelblätter einen alternativen Baustil zu verkörpern.

Die Nadeln von Douglasie, Hemlock und Tanne sind in Flachbauweise konstruiert – lang, schmal und relativ dünn. Ihre Oberseite zeigt sich leicht glänzend dunkelgrün, aber auf der Unterseite sind äußerst dekorative, weißliche Längsstreifen zu sehen.

Entlang dieser schmalen Bänder sind die feinen Spaltöffnungen angeordnet, die den Gasaustausch der Nadelblattgewebe mit der freien Atmosphäre übernehmen. Die Spaltöffnungen selbst sind nicht einmal unter einer Lupe zu erkennen, weil sie nur aus zwei Zellen bestehen und zudem in die Blattgewebe versenkt sind. Nur ihre eigenartige Wachsversiegelung zeigt sich als auffälliges, sich gegen das dunkle Grün sehr apart abhebendes Streifenmuster.

Fichtennadeln sind etwas abweichend gestaltet: Hier erkennt man einen solchen Nadelstreifen auf jeder der vier Flanken der im Querschnitt rautenförmigen Nadel.

Auf festen Füßen stehen

Auch die Verbindung der Nadelbasis mit dem Zweig ist ein interessantes Betrachtungsobjekt: Bei den echten Tannen – darunter auch bei der als Weihnachtsbaum zunehmend beliebten Nordmann-Tanne – sowie bei Hemlock und Douglasie sitzen die Nadeln mit einer fußartig breiten und rundlichen Basis fest. Deshalb nadeln die Vertreter dieser Gattung auch nicht so rasch, falls sie als jahreszeitliches Dekorationsgrün verwendet werden. Bei den Fichten stecken sie dagegen relativ locker in einer besonderen Nadeltasche, welche die Fichtenzweige nach dem frühen Abnadeln ziemlich rau erscheinen lässt.

Die junge Pflanze hat noch dünne Kletterwurzeln.

Efeu

Licht und Schatten

Den kennen Sie garantiert: Der Gewöhnliche Efeu ist die einzige in Mitteleuropa vorkommende Art seiner vor allem in den Tropen umfangreichen Verwandtschaft. Abhängig von der Region bezeichnet man den Gewöhnlichen Efeu (*Hedera helix*) auch als *das Efeu*. Bis über 400 Jahre alt kann er werden. Ungezählte gärtnerisch herausgezüchtete Formen mit weißlich gescheckten und oft nur sehr kleinen Blättern für den Blumenkasten oder für Grabbepflanzungen finden sich in jedem Gartencenter.

Efeu ist eine der wenigen heimischen Lianen (Kettersträucher) mit verholzten Sprossachsen und daher ein richtiges Gehölz. Er erreicht locker 20 Meter Höhe, wobei die Hauptachsen mehr als armdick (nämlich etwa zehn Zentimeter) werden können.

Efeu ist ein typischer Wurzelkletterer: An der Kontaktseite zu seinen Aufstiegshilfen (Baumstämme, Felsen, Mauern) entwickelt der Hauptspross zahlreiche, auffallend dicht stehende Spross- oder Kletterwurzeln. Ein Efeu-Stamm sieht daher fast so aus wie ein gigantischer Tausendfüßer.

Normalerweise dienen die sehr kurzen, etwa einen Zentimeter langen Kletterwurzeln nur der Befestigung, indem sie sich in feinsten Vertiefungen ihrer Unterlage verkrallen und so dem Gesamtsystem Halt bieten. Nur

Ältere, ovale Blätter und Blütenstände.

im direkten Bodenkontakt wachsen sie tatsächlich zu Nährwurzeln aus. Die Kletterwurzeln sind für sich betrachtet schon eine biologische Besonderheit par excellence, weil sie unter den Pflanzenarten der heimischen Flora einzigartig sind.

Zweierlei Blätter

Aber ist Ihnen das schon aufgefallen? Der Efeu entwickelt tatsächlich zwei grundverschiedene Blattgestalten. Gewöhnlich erkennt man die Art vor allem an ihren handförmig fünflappigen und dunkelgrünen, aber heller geaderten Blättern. Diese Blattgestalt entwickelt sich jedoch nur an relativ jugendlichen oder an schattigen Standorten wachsenden Exemplaren.

An älteren Individuen, die durch ihr betontes Höhenwachstum die wesentlich lichteren Kronenbereiche von Bäumen oder Mauern erreicht haben, entwickelt sich dagegen eine ganz anders gestaltete Blattform mit breit ovalem Umriss und ohne die hellere Aderzeichnung. Nur an diesen Trieben der etwa zehnjährigen Exemplare finden sich ab August die relativ schmucklosen Blüten in dichten kopfig-doldigen Blütenständen. Sie sind wegen ihrer relativ späten Blüte und der reichlichen Nektarabsonderung eine besonders ergiebige Trachtquelle für Bienen, Wespen, Fliegen und Tagfalter.

Die blauschwarzen, für Menschen giftigen Beeren reifen eigenartigerweise während des Winters und werden im folgenden Frühjahr gern von Amseln und anderen Vögeln geerntet. Spezieller Tipp für Mikroskopiker: Auf den jüngsten Trieben des Efeus finden sich bizarr aussehende Sternhaare, die einen genaueren Blick wert sind.

Eichen

Botanisch gesehen Falschgeld

Vermutlich empfinden auch Sie für die Eiche eine besondere Wertschätzung. Gerade dieser Baum hat mit seinem charakteristischen Erscheinungsbild einen besonderen Symbolwert. Wegen ihres harten, dauerhaften Holzes gilt die Eiche seit der griechisch-römischen Antike als Zeichen von Beharrlichkeit, Kraft oder Unverwüstlichkeit. Angesichts ihrer imposanten Gestalt war sie auch bei vielen indogermanischen Völkern ein heiliger Baum.

Zur „deutschen" Eiche, mit der fatalen Verknüpfung zum Heldenhaften, wurde sie in Deutschland jedoch erst im 18. Jahrhundert – zur botanischen Beigabe von Siegerkränzen und militärischen Dekorationen gar erst im Lauf des 19. Jahrhunderts.

Aber seltsam genug: Während fast alle heimischen Laub- und Nadelbaumarten ihr literarisches Denkmal haben, hat man die Eiche nahezu übergangen. Goethe dachte intensiv über den fernöstlichen Ginkgo nach, Ludwig Uhland schrieb über Linden, Hugo von Hoffmannsthal über Ahorn, Conrad Ferdinand Meyer über Rosskastanien. Nicht einmal Annette von Droste-Hülshoff, in deren Œuvre fast die gesamte Gehölzflora Westfalens auftritt, nahm die Eiche genauer in Augenschein. Lediglich bei Heinrich Heine findet sich einmal eine versteckte Zeile über die deutsche Eiche.

Ein Begriff für zwei Arten

Aber welche ist es denn eigentlich? Der kurze Blick in ein Bestimmungsbuch verrät, dass die auch bei Forstleuten oft vereinfacht Eichen genannten Bäume offensichtlich zwei verschiedene Spezies darstellen, die klar zu unterscheiden sind. Die besonders symbolträchtige, weil auffallend knorrige und wuchtige ist die Stiel-Eiche (*Quercus robur*), der sicherlich aussichtsreichste Kandidat für Wotans- oder sonstige Themenbäume. Sie ist ein typischer Baum der Tiefländer oder der unteren Hügelregion. Die Trauben-Eiche (*Quercus petraea*) ist dagegen bemerkenswert geradstämmig und bevorzugt die trockenen Böden des Hügel- und Berglands. Im gemein-

Auffallend knorrige Eichen sind meist Stiel-Eichen.

Früchte und Blätter der Trauben-Eiche.

samen Verbreitungsgebiet gibt es mitunter fruchtbare Bastarde mit vielen intermediären Merkmalen. Holzanatomisch sind die Arten nicht zu unterscheiden.

Unklare Wiedergabe

In offizieller Mission tritt erstaunlicherweise meist nicht die urige Stiel-Eiche auf, sondern ihre Schwesterart Trauben-Eiche mit den angenähert spiegelsymmetrischen, am Grund lang keilförmig verschmälerten Blättern. So war es beispielsweise auf den DM-Münzen vom Pfennig- bis zum Markstück. Die deutschen Euromünzen der in Stahl geprägten, mit Kupferauflage ver-

sehenen kleinen Stückelungen (ein, zwei und fünf Cent) stiften dagegen artdiagnostisch einige Verwirrung: Die Belaubung der darauf dargestellten Eiche weist eindeutig die Züge von *Quercus petraea* auf, während der – in seiner Darstellung im Übrigen auch nicht korrekte – am gleichen Zweig ansetzende Fruchtstand unzweifelhaft die Kennzeichen von *Quercus robur* zeigt. Eine solche Hybridform ist in der Natur nicht bekannt. Ausdrückliche Adresse an das zuständige Bundesfinanzministerium: Einfach peinlich, weil sich hier ein naturkundlicher Bildungsstand des untersten PISA-Levels offenbart.

Ein taugliches Symbol?

Nun mag die kritische Frage erlaubt sein, ob denn die eine oder andere Eichen-Art überhaupt als Nationalsymbol taugt. Der Blick auf die Verbreitungskarten beider Arten muss auch in dieser Hinsicht nachdenklich stimmen. Beide Arten haben einen kontinentalen Verbreitungsschwerpunkt. *Quercus petraea* kommt von Nordspanien bis zur Krim vor, die enorm symbolbeladene *Quercus robur* sogar bis zur mittleren Wolga und zum Ural.

Deutschland befindet sich also eher in nordwestlicher Randlage der jeweiligen Areale. Viel geeigneter für die kupferfarbenen deutschen Centstück-Rückseiten wäre statt einer der beiden Eichen-Arten die Rot-Buche (*Fagus sylvatica*). Von dieser Laubbaumart liegen sogar im europäischen Maßstab die wichtigsten und großflächigsten Vorkommen in Deutschland. Dieser Tatsache trägt übrigens die Gründung des Nationalparks Hainich in Thüringen Rechnung, in dem es bildbandreife Buchenszenerien zu bewundern gibt.

Eisenhut

Giftschrank Gartenbeet

Sie wissen das sicher: Beileibe nicht alle Pflanzen eignen sich für den menschlichen Konsum. Der Eisenhut ist sogar ausgesprochen giftig. Die Natur hat so manches betont hübsch aussehende Gewächs mit ziemlich starken Giften ausgestattet – vermutlich, um allzu rabiate Pflanzenfresser abzuwehren oder zumindest wirksam einzuschränken. Mit ihren Giftcocktails wandeln sie ein Bibelzitat trickreich und geradezu unbarmherzig ab zu „Seid furchtbar und wehret euch".

Das gilt natürlich auch für viele Zierpflanzen. Ein beliebig und unbedacht komponierter bunter Blattsalat aus dem sommerlichen Garten kann daher leicht zu einem fatalen Horrortrip werden. Bedauerlicherweise sieht man es den Pflanzen nicht an, ob sie ungesunde bis gefährliche Inhaltsstoffe enthalten. Die beste Vorsorge ist eine solide Artenkenntnis.

Die mit Abstand giftigste Pflanze Europas ist der auf Bergwiesen beheimatete und ebenso in vielen Ziergärten wachsende Blaue Eisenhut (*Aconitum napellus*), eine ausgesprochen dekorative Art und geradezu ein Starmannequin unter den Hochstauden. Wegen seiner relativen Seltenheit ist er in der freien Natur ebenso wie seine zahlreichen Verwandten streng geschützt.

Gefährlicher Giftmix

Die problematischen Wirkstoffe kommen in allen Pflanzenteilen vor. Das an der fatalen Wirkung beteiligte Hauptalkaloid heißt Aconitin. Es ist ein rasch wirkendes Nervengift, das die Atmung und den Herzschlag zuverlässig ausbremst. Die für den Menschen tödliche Dosis liegt bei weniger als 0,1 Milligramm je Kilogramm Körpergewicht. Nur wenige Blätter oder ein knapp fingerlanges Wurzelstück reichen demnach definitiv für ein ungeplantes Finale. Eine kritische, weil wirksame Giftmenge kann man übrigens auch durch intensiven Hautkontakt mit frisch geschnittenen Pflanzenteilen aufnehmen.

Ähnlich giftig sind auch die zur gleichen Familie Hahnenfußgewächse gehörenden Rittersporn-Arten. An beiden Arten schreddern übrigens die im Garten äußerst unbeliebten Nacktschnecken unbekümmert und folgenlos herum. Die gefährlichen Alkaloide können ihnen nichts anhaben, da sie offenbar über wirksame Entgiftungsmechanismen verfügen.

Bitte nicht anfassen – der Eisenhut ist giftig.

Das sprichwörtliche Espenlaub.

Espe

Zittern wie Espenlaub

Möglicherweise erging es Ihnen auch schon einmal so: Wenn jemand vor Angst erbärmlich schlottert, zittert er sprichwörtlich wie Espenlaub. Zwar ist das „Zittern wie Espenlaub" allgemein bekannt, aber den damit zitierten heimischen Laubbaum kennen die meisten Mitmenschen erfahrungsgemäß nicht, obwohl er mindestens so häufig ist wie Birke und Buche. Die Espe oder Aspe (*Populus tremula*) trägt einen vom berühmten Carl von Linné (1707–1778) überaus treffend gewählten wissenschaftlichen Namen: *Populus* ist der Gattungsname für sämtliche Pappeln, und *tremula* heißt einfach die Zitternde (daher auch der medizinische Begriff *tremor* = Zittern). Ein weiterer Name für dieses interessante Gehölz ist daher zutreffend Zitter-Pappel.

Die Zitter-Pappel ist die in Europa am weitesten verbreitete Pappel-Art. In Nordamerika kommt eine sehr ähnlich aussehende und nahe verwandte Art mit der regionalen und auch als Ortsnamen verbreiteten Bezeichnung „Aspen“ vor – ihre wissenschaftliche Bezeichnung lautet *Populus tremuloides*. Im Unterschied zur heimischen Zitter-Pappel bringt sie eine äußerst ansehnliche Herbstfärbung in geradezu knalligen Gelborange-Tönen hervor und überzieht ab Ende September die Hänge der Rocky Mountains mit spektakulärem Gold.

Warum zittert die Pappel?

Wenn „Der Wind in den Weiden“ (ein bekanntes und mehrfach verfilmtes Kinderbuch) etwas heftiger zupackt, ist an den Bäumen einfach alles von den Ästen über die Zweige bis zu den Blättern in Bewegung. Aber: Bei Windstärke 0 bis 1, seemännisch die klassische und nervtötende Flaute, herrscht im Laubwerk der meisten heimischen Baumarten absolute Ruhe. Nicht so bei den Zitter-Pappeln. Schon der leiseste Windzug genügt, um ihre fast kreisrunden Blätter heftigst flattern und flimmern zu lassen.

Der Grund für diese Sensibilität gegenüber schwachen bis schwächsten Luftströmungen ist die besondere Konstruktion der Blattstiele: Sie sind bei der Zitter-Pappel (und ebenso bei der nah verwandten Schwarz-Pappel) seitlich stark zusammengedrückt, sodass der Blattstiel-Blattspreiten-Übergang ein wenig schwach bzw. hochgradig flexibel ausfällt. Ein überaus sanfter Hauch genügt also, die Blattflächen in große Unruhe zu versetzen und dann eben zittern zu lassen wie Espenlaub. Gleichzeitig verharren die Blätter anderer Laubbaum-Arten ringsum in geradezu stoischer Ruhe.

Angst schärft die Sinne

Wenn jemand „zittert wie Espenlaub“, hat er offensichtlich ein heftiges Problem. Es betrifft sicherlich nicht das übliche Kältezittern bei unfreundlich-winterlicher Witterung, sondern eher das adrenalinvermittelte Angstzittern, das die Sinne schärft und auf potenzielle Abwehr einstimmt, etwa bei einem nächtlichen Spaziergang ganz allein auf dem Zentralfriedhof einer Großstadt. Eine ähnliche Stimmungslage stellen sich gewöhnlich auch vor Prüfungen oder Gesprächsterminen im Finanzamt ein …

Fetthenne

Blätter mit Sonnenbrille

An sehr hellen Standorten, etwa an voll besonnten Mauern oder Felsen, sind insbesondere die Blätter der Weißen Fetthenne im Sommer purpurrot. Was ist der Sinn dieser Färbung? An den Trieben vieler Pflanzen sind die gerade frisch entfalteten Blätter und die jüngsten Stängelteile noch ziemlich bleichgrün, aber gleichzeitig intensiv rot verfärbt – fast so wie im Herbst, obwohl gerade erst Frühsommer ist. Das legt die Vermutung nahe, dass diese Pflanzenorgane recht lichtempfindlich sind. Tatsächlich ist das Blattgrün, der Hauptfarbstoff aller grünen Pflanzenteile, erstaunlicherweise kaum lichtecht: Löst man die grüne Farbe aus den Blättern heraus, verblasst sie im Licht in kurzer Zeit zu unansehnlichem Braungrau. Im lebenden Blatt muss also offenbar ständig eine beträchtliche Nachlieferung durch Neusynthesen ablaufen.

Sichtbares Rot gegen unsichtbares Ultraviolett

Die kräftig roten Farbstoffe, die zur bedeutenden Stoffklasse der Anthocyane gehören und auch in Blüten und Früchten für Farbe sorgen, schützen die im vollen Licht stehenden neuen Organe der Pflanzen. Diese Schutzpigmente verschlucken das energiereiche, daher biologisch wirksame und folglich in Überdosis recht gefährliche UV-Licht, solang in den Blattzellen noch kein ausreichender Selbstschutz durch größere Blattgrünmengen vorliegt. So schützen sich dann auch die Fetthennen vor der Sonne. Es wäre in dem Zusammenhang wirksam, aber kosmetisch vermutlich nicht durchsetzbar: Ein guter UV-Schutz für unsere Haut wäre Einreiben mit Rotwein ...

Gern verwendetes Erfolgsrezept

Vergleichbares beobachtet man übrigens auch bei den mikroskopisch kleinen Algen, die im Sommer die hochalpinen Firnfelder überziehen: Bei ihren gar nicht so seltenen Massenauftreten verfärben sie sogar ihren Lebensraum, was zu Begriffsbildungen wie Blutschnee oder Rosteis geführt hat. Obwohl sie zu den Grünalgen gehören, sind sie durch Karotinoide kräftig rötlich gefärbt. Das verwendete Basismolekül ist dabei überwiegend Astaxanthin – exakt das gleiche Pigment, das auch den gekochten Hummer so ungesund rot anlaufen lässt.

Weiße Fetthenne mit rotem Sonnenschutz.

Ebenso wie Karotinoide als Lichtschutzfaktoren ein wichtiger Bestandteil vieler Kosmetika zur Verhinderung von Sonnenbrand sind, wirken sie auch in den Pflanzenzellen als effektive Lichtfilter und beugen als intrazelluläre Sonnenbrille den sonst drohenden Strahlenschäden vor.

Die Blätter scheiden aktiv Wasser ab.

Frauenmantel

Tropfnasse Blattränder

Schauen Sie sich einmal den Frauenmantel am frühen Morgen an – Sie werden einen Kranz von Wassertropfen an den Blatträndern finden.
Sie erinnern sich gewiss an diesen Klassiker: Im Jahr 1845 schrieb und illustrierte der Frankfurter Psychiater Heinrich Hoffmann (1809–1894) seinen berühmten „Struwwelpeter". Die Frau Mama des kleinen Konrads stattete er mit einem zeitgemäß gestylten Umhang aus. Dafür hätten die Blätter des Frauenmantels (*Alchemilla vulgaris*) ein wunderbar geeignetes Schnittmuster geliefert.

Angesichts der heute eher alternativen Linienführungen in der Damengarderobe wäre diese Designvorlage aber wohl weniger gefragt. Dabei ist die Blattform ausgesprochen hübsch: Der Umriss ist ein Dreiviertelkreis, der Blattrand läuft in fünf bis elf gezähnte Zipfel aus und vom Blattstielansatz strahlen fingerartig kräftige Hauptnerven aus.

So formschön die Blätter sind, so unscheinbar fallen die Blüten aus: Sie schmücken sich zwar nur mit grüngelben Kelchblättern, aber Insekten finden sie dennoch attraktiv. Tatsächlich fliegen sie in Scharen an. Ihr etwaiger Pollentransport ist aber gänzlich vergebens, denn beim Frauenmantel entwickeln sich die Samen ausnahmsweise völlig ohne Befruchtungsereignis. Diese relativ seltene Erscheinung nennt man Apomixis.

Spalten mit Wassertropfen

In mit Wasserdampf gesättigter Atmosphäre scheiden die Frauenmantelblätter zwischen den Blattzähnen aus besonderen Wasserspalten aktiv Wassertropfen aus – diesen bei heimischen Pflanzen nicht allzu häufigen Vorgang nennt man Guttation. Am frühen Morgen umgeben sich die Blattränder daher mit einem glitzernden Wasserperlenkranz. Bei reichlicher Guttation rollen diese auch (lesen Sie über den Lotus-Effekt auf S. 87) in der Blattmitte zu größeren Wasserlachen zusammen. Das können Sie auch im eigenen Garten beobachten: *Alchemilla mollis* ist eine gern verwendete Zierpflanze.

Übrigens: Im wissenschaftlichen Gattungsnamen *Alchemilla* klingt ein wenig die mittelalterliche Alchemie an. Die Alchemisten schrieben den Wassertropfen ganz besondere Heilkräfte zu, die sie natürlich nicht aufweisen.

Hainbuche

Wie sie den Durchbruch schaffen

Im Frühjahr geht es uns allen so: Kaum wird es ein wenig wärmer, kann man das Ende der öden Winterruhe kaum noch erwarten. Den Knospen mag es ähnlich gehen. Die Gehölzknospen setzen ihr monatelang behütetes Innenleben im Frühjahr in nur wenigen Tagen an die frische Luft. Neben der Blühorgie der Frühlingsblumen am Laubwaldboden (oder im Garten) ist der Blattaustrieb der Gehölze im Frühjahr die auffälligste Erscheinung in der heimischen Pflanzenwelt. Die wirksamste Entwicklungshilfe leistet die wärmende Frühlingssonne, während die sonst in die Entwicklung eingreifende zunehmende Tageslänge für das Ende der winterlichen Knospenruhe eher unbedeutend ist.

Die Öffnung der Knospen setzt viele koordinierte Einzelabläufe voraus. Wussten Sie das? Den Winter haben die Blattgewebe in der Knospe tatsächlich im weitgehend entwässerten Zustand überdauert. Öffnen Sie mit einem Taschenmesser eine noch geschlossene Knospe eines spät austreibenden Gehölzes: Die relative Trockenheit der noch unentfalteten Blattgebilde wird Sie überraschen. Daher müssen sie zunächst von innen wieder auf volle Wasserspannung gebracht werden. Bei den nun temperaturbedingt höheren Atmungsraten in den Geweben entsteht als Abfallstoff immer auch freies Wasser, das nun schrittweise die pflanzeneigenen Wasserleitungen wieder unter Druck setzt.

Brechen sie wirklich auf?

Aufbrechen wie eine Eierschale? Auch ohne Lupe erkennen Sie, dass sich beim Austrieb vor allem die Basis der zuvor derb ledrigen und ziemlich festen Knospenschuppen stark auflockert. Sie wird jetzt ziemlich weich und biegsam.

Die Schuppenblätter fallen also beim Wiederergrünen der Gehölze nicht einfach ab wie eine zertrümmerte Eierschale. Vielmehr verlängern sie sich unter Wasseraufnahme zunächst durch begrenztes Streckungswachstum. Nach und nach erweicht, scheren sie zur Seite aus und geben damit den Weg für die innen liegenden Knospenteile frei. Erst jetzt können sich auch die neuen Laubblätter durch Wasseraufnahme entfalten.

Zellteilungen finden beim Vergrößern und Glätten der Blattspreiten übrigens kaum noch statt – der gesamte Blattaustrieb besteht fast nur noch aus Zellvergrößerung durch Aufpumpen mit Wasser.

Junge Hainbuchenblätter, die schon die Knospe hinter sich gelassen haben.

Sobald sich die neue Laubblattgeneration gestreckt und geglättet hat, sind die Knospenschuppen wirklich entbehrlich. Sie lösen sich jetzt undramatisch ab und rieseln mengenweise zu Boden. Da Knospenschuppen umgewandelte Blattorgane sind, findet schon im Frühjahr der erste heftige Blattfall der Saison statt.

Übrigens: Haben Sie sich beim Überfliegen des Inhaltsverzeichnisses eventuell gewundert, warum man ganz korrekt Rot-Buche (Sie finden sie auf S. 31), aber Hainbuche schreibt? Der Grund dafür ist eine spezielle Marotte der Botaniker: Sie bringen auf diese Weise zum Ausdruck, dass die Rot-Buche eine Vertreterin der Gattung Buche (*Fagus*) ist, während die Hainbuche (*Carpinus*) zu den Birkengewächsen gehört.

Die Haselblätter haben in der Knospe den Winter überstanden.

Hasel

Gelöste Verpackungsprobleme

Darauf freuen wir uns nach dem unfreundlichen Winter alle: Der Laubaustrieb im Frühjahr gehört sicher zu den spektakulärsten Abläufen in der Natur. In erstaunlich kurzer Zeit ergrünen die winterkahlen Gehölze im Frühjahr – man kann ihnen dabei beinahe zusehen. Was Sie jetzt als neue Sommerbelaubung wahrnehmen, war tatsächlich schon seit dem Spätsommer so gut wie fertig, aber vorerst noch eng gepackt in der schützenden Knospenhülle eingelagert. Die neuen Blätter entstehen also gar nicht erst im Frühjahr.

Für die Knospenlage hat die Natur mehrere raffinierte Möglichkeiten vorgesehen. Bei der Hasel und der nahe verwandten Hainbuche liegen die Blätter ziehharmonikaartig in der Knospe: Jede Blatthälfte ist entlang der Seitenadern mehrfach gefaltet. Bei beiden Arten bleiben diese Knick- und Bügelfalten fast den ganzen Sommer über erhalten. Bei Birke und Buche strecken sie sich dagegen in kurzer Zeit zu fast perfekter Glätte.

Eine interessante Variante zeigen die Ahorn-Arten: Ihre Blätter liegen in der Knospe fächerförmig gefaltet und auch das sieht man dem austreibenden Blatt noch lange an. Der Begriff „Blattentfaltung“ bezeichnet zutreffend den Ablauf, wenn sich diese Blätter aus der Knospe befreien.

Alternative Lösungen

Bei anderen heimischen Gehölzen sind die Blätter in der Knospenlage aufgerollt. Quer gerollt sind sie bei Eichen und Weiden. Eine Längsrollung, wie man sie besonders eindrucksvoll bei den jungen Farnwedeln sieht, kommt dagegen in unserer heimischen Gehölzflora nicht vor. Wenn sich die neue Blattgeneration aus der gerollten Lage an den Start begibt, findet demnach keine Entfaltung, sondern eine richtige „Entwicklung“ statt. Blätter, die in der Knospe liegen wie ein heftig zerknülltes Taschentuch, kommen bei heimischen Gehölzen kaum vor. Solche Knospenlagen kennt man beispielsweise von den Kronblättern des Klatsch-Mohns.

Holunder

Nackt durch den Winter

Die Knospen der meisten Laubgehölze sind im Winter durch Knospenschuppen geschützt – nicht so beim Holunder. Die meisten heimischen Laubgehölze sind sommergrün und winterkahl. Ihre vergleichsweise dünnhäutigen Blattgebilde können sie aus verschiedenen Gründen in der kalten Jahreszeit nicht betriebsfähig halten und schicken sie deshalb im Herbst frühzeitig zu Boden. Schon in den letzten Sommerwochen haben sich – meist unbemerkt – in den Blattachseln oder an den Zweigenden die Knospen mit der Blattgeneration für die folgende Saison entwickelt.

Die ziemlich derben und meist recht dicht zusammengerückten Knospenschuppen, die besonders umgestaltete Blattorgane darstellen, bieten ihrem noch zarten Innenleben den nötigen Schutz gegen ungemütliches Winterwetter – aber ganz anders, als man für gewöhnlich annimmt.

Es wird Sie möglicherweise verwundern: Die Schuppenblatthülle einer Winterknospe ist kein wärmender Mantel. Wenn die Lufttemperatur rund um die Knospe in einer rauen Winternacht nur noch etwa −10 °C oder weniger beträgt, ist es im Knospeninneren genauso kalt. Der Trick der schützenden Knospenhülle besteht vielmehr darin, die neu angelegten, aber dann weitgehend entwässerten Blattorgane so lange trocken zu halten, bis sie im Frühjahr wieder an die Wasserleitungen angeschlossen werden.

Viele Farben und Formen

Wenn Sie sich bei einem Spätherbst- oder Winterspaziergang die Knospen der heimischen Laubgehölze genauer anschauen, werden Sie gewiss über die vielen Formen, Farben und Konstruktionstypen staunen. Noch erstaunlicher ist aber, dass man bei wenigen Arten gar keine Knospenhülle findet: Beim Schwarzen Holunder (*Sambucus nigra*) sind nur sehr kleine Knospenschuppen vorhanden oder sie fehlen ganz – die jungen Blätter stehen also auch mitten im Winter weitgehend hüllenlos da.

Beim Schwarzen Holunder können die Knospenschuppen fehlen.

Nachts hängen die Kleeblätter schlaff herab.

Klee

Nachts lässt er sich hängen

Nicht nur viele Tiere, sondern auch Pflanzen scheinen nachts zu schlafen. Bei manchen sieht man es an den Blättern. Haben Sie schon einmal bei Dunkelheit die Pflanzen Ihres Gartens oder eines Parks im Schein der Taschenlampe betrachtet? Das ist natürlich weniger gruselig als nachts allein über den Friedhof zu spazieren. Im Garten werden Sie gänzlich angstfrei eine erstaunliche Feststellung treffen: Obwohl der spätere Abend kühl und eventuell auch noch feucht ist, hängen die Blätter vieler Pflanzenarten völlig schlaff herunter – genauso wie unter starkem Wasserstress. Besonders eindrucksvoll zeigen es beispielsweise die Fiederblätter des Weiß-Klees. Aber auch die Blattfiedern der Bohnenpflanzen haben in der Dunkelheit einen echten Durchhänger, wobei sich in diesem Fall die Blattstiele während der Nachtstunden noch ein wenig steiler stellen.

Am nächsten Morgen – und meist schon geraume Zeit vor Tagesanbruch – gehen die Blattorgane wieder in ihre Normallage mit ungefähr horizontaler Positionierung der Blattfiedern über. Der Vorgang wiederholt sich täglich. Seit Carl von Linné spricht man in diesem Zusammenhang von Schlafbewegungen. Die moderne Bewegungsphysiologie verwendet dafür den Begriff Nyktinastie – eine offensichtlich durch den periodischen Licht-Dunkel-Wechsel gesteuerte Bewegung eines Pflanzenorgans.

Nelke

Immer topclean

Mit dem Lotus-Effekt werden viele Gegenstände beworben, die man angeblich nicht mehr zu reinigen braucht. Perfekt beherrscht ihn nicht nur der Lotus, sondern auch die Nelke. Erinnern Sie sich noch? Seinerzeit war eine Rote (Garten-)Nelke im Knopfloch bei den Gewerkschaftsparaden zum 1. Mai völlig unentbehrlich. Das scheint unterdessen Geschichte zu sein. Aber die heimischen Nelken stehen bei den Pflanzenfreunden nach wie vor in besonderem Ansehen, gehören sie doch zu den attraktivsten Blütenpflanzen. Eine der häufigsten Arten ist die schmucke Kart(h)äuser-Nelke (*Dianthus carthusianorum*) – übrigens ganz korrekt mit beiden Schreibweisen. Eines ihrer kleinen Geheimnisse betrifft den wachsartigen Überzug ihrer Laubblätter, durch den diese leicht bläulich erscheinen.

Die Blüte ist ausgesprochen hübsch.

Die Karthäuser-Nelke bleibt immer sauber.

Viele Pflanzen(teile) sind durch wachsartige Überzüge einfach unbenetzbar. Diese abwischbaren Beläge – man nennt sie Epicuticularwachse – bilden jedoch keine filmglatten Schichten, sondern bestehen in der mikroskopischen Größenordnung aus überraschend vielgestaltigen Kleinststrukturen. Diese haben nun die bemerkenswerte Eigenschaft, auftropfendes Regenwasser hemmungslos und gänzlich rückstandsfrei abrollen zu lassen. Die natürliche Rauigkeit der winzigen Wachskörperchen verringert nämlich die Haftwirkung zwischen Oberfläche und Wasser so wirksam, dass nur noch die Kohäsionskräfte des Wassers die Raumgestalt bestimmen und sofort die Tropfenform erzwingen.

Wisch und weg

Die praktische Bedeutung solcher wasserabweisenden Blattoberflächen hat man lange Zeit als Verdunstungsschutz oder als Schutzschild gegen schädliche UV-Strahlung gedeutet. Die abwischbaren Blattwachse dienen jedoch, wie Bonner Botaniker herausfanden, wohl in erster Linie der Selbstreinigung. Das abtropfende Regenwasser wäscht alle möglichen Partikeln ab und hält damit die Oberflächen sauber – auch von den überall präsenten Bakterien oder Mikropilzen, die Pflanzenkrankheiten hervorrufen könnten.

Nach der Lotuspflanze, die in Ostasien schon immer als Symbol der Reinheit galt und an der man die Mikrophysik des abperlenden Wassers genauer erforschte, nennt man diese erstaunliche Selbstreinigung von Pflanzenorganen „Lotus-Effekt". Bei den langlebigen Blattorganen tropischer Pflanzen verhindert dieser Effekt zudem die Ansiedlung von Algen, Moosen und Flechten, die die tieferen Blattgewebe beschatten und damit die fotosynthetische Stoffproduktion behindern würden.

Und noch etwas: Der Wischeffekt wird in der Natur offenbar mehrfach eingesetzt: Eine ähnlich gut und automatisch funktionierende Selbstreinigung durch „nasses Abstauben" kommt unter anderem bei Libellen und anderen Insekten mit großen Flügeln vor, die mit den Beinen nicht flächendeckend zu reinigen sind. Nicht rasch genug abperlendes Wasser würde in solchen Fällen die Flugfähigkeit der Tiere beeinträchtigen.

Queller

Fast nur Wasser

Meersalz ist für gewöhnliche Landpflanzen äußerst giftig. Es gibt aber auch Pflanzen, die aus der Not eine Tugend gemacht haben.

Sicherlich kennen Sie die fatalen Effekte von Auftausalzen auf die Bäume am Straßenrand: Sie zeigen schon im Frühsommer abgestorbene Blattränder. In den Salzwiesen am landseitigen Rand des Watts liegen die Dinge dagegen ganz anders. Die hier vorkommenden Salzpflanzen (Halophyten) sind bewundernswerte Ökospezialisten. Sie werden mit dem Meersalz bestens fertig und lagern es sogar mengenweise in ihre Organe ein.

Das ist deswegen unvermeidbar, weil sie sonst überhaupt kein Wasser aufnehmen könnten: Wasser fließt aus physikalischen Gründen immer nur in Richtung der höheren Stoffkonzentration. Die Halophyten müssen also ihren inneren Salzgehalt immer etwas höher einregeln als den des umgebenden Meerwassers.

Besondere Wasserökonomie

Um die Meerwasseraufnahme auf ein Minimum zu beschränken, verkleinern viele Halophyten ihre Blattfläche und werden gleichzeitig dick, weil sie in ihren Geweben viel Salzspeicherraum benötigen. Dieses Erscheinungsbild kennt man auch von Wüstenpflanzen, denn sie weisen ebenfalls ein optimales Oberflächen-Volumen-Verhältnis auf. Solche Pflanzengestalten nennt man sukkulent und im Fall der Wattrandpflanzen halosukkulent.

Zu diesen Typen der Salzwiesen am Wattrand gehört der kakteenähnliche Queller (*Salicornia europaea*) mit seinen dicklichen, den Stängel und Zweigen eng anliegenden Blättern. Immerhin beschert ihm die anbrandende Nordsee jährlich rund 500 bis 700 Überflutungen und die müssen erst einmal verkraftet werden.

Wenn Sie einen frisch aus dem Wattboden gezupften Queller anknabbern, schmeckt er wie eine grüne Salzstange. Marinierte Queller-Stängel finden Sie übrigens häufig als besondere Delikatesse in Fischgeschäften – auch im Binnenland. Im Spätsommer verfärben sich die Queller-Pflanzen intensiv karminrot und bieten dann geradezu spektakuläre Farborgien.

Der Queller ist salziger als seine Umgebung.

Wertvoller Werkstoff aus dem Watt

Früher erntete man diese einjährig wachsenden Pflanzen oder andere Arten wie die Strand-Sode (*Suaeda maritima*) im Spätsommer und verbrannte sie. In der Asche fanden sich dann unter anderem Mengen von Kalium-Salzen – seinerzeit sehr gesuchte Rohstoffe, die man in Glashütten für die Herstellung von Glasschmelzen benötigte. Für die notorisch armen Marschbauern war das ein durchaus netter Nebenerwerb.

Von den Pötten, in denen man die salzigen Wattpflanzen veraschte, stammt übrigens der Name Pottasche für Kaliumkarbonat und das englische Wort „potassium" für das Element Kalium. Die nahe verwandte Strand-Sode wurde passenderweise zum Namensgeber für das im britischen Sprachraum so bezeichnete Element „sodium" (Natrium).

Rose

Sozialer Wohnungsbau

Im Hochsommer werden Ihnen bestimmt seltsam wuchernde Gebilde an oder auf krautigen oder holzigen Pflanzen auffallen. Volkstümlich und in der Fachsprache nennt man sie Pflanzengallen. Pflanzengallen sind in der Tat bemerkenswerte Erscheinungen, die allemal einen genaueren Blick verdienen – zumal man sie als höchst eindrucksvolle Beispiele dafür verstehen kann, wie sehr kleine Tiere eine deutlich größere Pflanze entwicklungstechnisch manipulieren können. Doch der Reihe nach.

Unplanmäßige Wucherungen an allen möglichen Pflanzenteilen gehen auf verschiedene Erreger zurück. Wie das Beispiel der auf S. 11 vorgestellten Wurzelknöllchen zeigt, sind bestimmte Bakterien daran ebenso beteiligt wie manche Pilze, denen man die seltsamen Hexenbesen zuschreibt, die vor allem in Birken auftreten. Im Wurzelbereich lösen Fadenwürmer charakteristische Gewebewucherungen auf. Mitunter sind auch Gallmilben die Ursache.

Die mit Abstand interessanteste Gruppe der Gallerzeuger sind allerdings einige Spezialisten unter den Insekten, vor allem Gallenläuse, Gallmücken und Gallwespen. Gallwespen erzeugen artspezifische und meist besonders bizarre Gallen. An Wildrosen, seltener an Gartenrosen, macht sich vor allem die Schlafapfel-Gallwespe (*Diplolepis rosae*) zu schaffen und löst hier auffällige, weil meist kräftig rot verfärbte Gewebewucherungen aus – völlig wirre und dichte Büschel fädiger Strukturen von bis zu fünf Zentimeter Durchmesser. Als bräunliche Gebilde kann man sie noch nach Jahren an älteren Zweigen sehen.

Der Gang der Dinge

Zunächst sieht es so aus, als sei der auffällige Rosen-Schlafapfel eine Wucherung des Stängelgewebes. Tatsächlich entsteht er aber aus Blattanlagen. Wenn man ganz genau hinschaut, erkennt man in den zipfligen Gebilden in ihrer Entwicklung total veränderte, weil umgesteuerte Fiederblätter. Im Zentrum des Schlafapfels finden sich mehrere Kammern. In jeder lebt eine Gallwespenlarve sozusagen in Einzelhaft. Oftmals bleibt sie nicht allein, denn es nisten sich ungefragt Untermieter ein und meist auch Parasiten, die sich von den Gallwespenlarven und/oder den anderen Mitbewohnern der Larvenkammern ernähren.

Das Werk der Schlafapfel-Gallwespe.

Schon beim Legeeinstich in eine Knospe gibt die weibliche Gallwespe eine gehörige Hormondosis in das Pflanzengewebe ab, die die Umsteuerung der planmäßigen Entwicklung einleitet. Die wachsende Larve gibt zudem Botenstoffe für weitere Wuchsanreize ab, aber auch zur verstärkten Absonderung nahrhafter Pflanzensäfte durch die Wandauskleidung der Larvenkammer. Die Larven der Gallwespen leben also wochenlang geradezu in einem Schlemmerparadies mitwachsender und nicht versiegender Nahrungsvorräte.

Gegen Sommerende verpuppen sich die Larven und verlassen ihre Kinderstube im nachfolgenden Spätfrühjahr (ab Mai). In Mitteleuropa schlüpfen aus den Rosen-Schlafäpfeln ausschließlich Weibchen. Männchen dieser Gallwespenart sind nur aus Südeuropa bekannt. Die Vermehrung erfolgt also offenbar nur über Jungfernzeugung (Parthenogenese), die bei Hautflüglern durchaus nicht ungewöhnlich ist.

Sind Gallwespen Parasiten?

Auf den ersten Blick würde man die Gallwespen und auch die anderen Gallerzeuger glatt als Parasiten einstufen, die sich artspezifisch eine bestimmte Pflanzenart aussuchen und diese durch gezielte Wuchsstoffgaben so manipulieren und ausbeuten, dass sie der Aufzucht ihrer eigenen Nachkommenschaft dienlich sind.

Aber: Im Unterschied etwa zu den Schmetterlingsraupen, die einfach und ungehindert nur die Blätter ihrer Futterpflanzen wegschreddern, liegen die Dinge bei den Gallerzeugern etwas anders. Die Bereitstellung von komfortablen Entwicklungskammern für die Larvengeneration durch gewebetypische Wucherungen der Pflanze ist eine echte Kooperative zwischen Insekt und Wirtsart. Die minimalen Stoffverluste, die die Larven durch Aufsaugen der Pflanzensäfte in ihrer Wohnung verursachen, kann man betragsmäßig glatt vergessen. Insofern kann man aus moderner biologischer Sicht im Fall der Pflanzengallen tatsächlich nur von einem erstaunlichen Synergismus sprechen.

Schneeball

Nektarspende weit draußen

Die übliche Imbissbude auf dem Parkplatz am Einkaufscenter bietet außer Fastfood auch Flüssiges an. In vielen tierbestäubten Blüten verhält es sich genauso. Das Angebot der Blüten an die kleinen Blütengäste umfasst auch hochkonzentrierte Zuckerlösungen. Nur heißen diese bei den Blüten nicht Bier, Cola oder Limo, sondern eben Nektar – das ist übrigens der antike Name für die Speisung der Unsterblichen auf dem Olymp.

Hier gibt's den Nektar auch außerhalb der Blüten.

Nektar wird in den Blüten von besonderen Drüsen abgeschieden, den Nektarien. Sie sind allerdings nicht sein Entstehungsort, sondern nur die Übergabestation. Alle Bestandteile des Nektars stammen aus der laufenden Fotosynthese der grünen Laubblätter und werden über die Leitbündel zu den Drüsenfeldern der Blätter und Blüten transportiert und dort freigesetzt.

Zuckriges nicht nur in Blüten

Art- und gattungsspezifisch verschieden sind Nektarien an fast allen Blütenorganen untergebracht. Soweit sie in den Blüten auftreten, bezeichnet man sie als (intra)florale Nektarien, um sie begrifflich klar von ihren extrafloralen, sich nicht an den Blüten befindenden Gegenstücken abzusetzen. Diese treten beispielsweise am Blattstiel-/Blattspreiten-Übergang der Kirschbäume (*Prunus* spp.) als kleine, rötlich oder grün gefärbte knopfartige Gebilde auf. Sie können aber auch wie beim Wasser-Schneeball (*Viburnum opulus*) Höckerreihen auf dem Blattstiel bilden. Nur mit der Lupe kann man die Verdickungen an den Rändern gezähnter Laubblätter wie etwa beim Birnbaum (*Pyrus communis*) erkennen.

In fast allen Verwandtschaftsgruppen der Bedecktsamer sind Vertreter mit extrafloralen Nektarien bekannt, sodass man sie nicht unbedingt als ungewöhnliches Ausstattungsmerkmal auffassen muss. Sogar bei manchen Farnpflanzen hat man sie entdeckt, etwa beim bereits auf S. 28 vorgestellten Adlerfarn (*Pteridium aquilinum*).

Nützlich, aber unverstanden

Die eigentliche Funktion der extrafloralen Nektarien ist weitgehend unklar. Ventileffekte für das Leitgewebesystem und insbesondere für das den gelösten Zucker aus der Fotosynthese der Blätter führende Phloem sind ebenso ergebnislos diskutiert worden wie verschiedene osmoregulatorische Aufgaben. (Als Osmose bezeichnet man den Ausgleich der Konzentrationen gelöster Teilchen.)

Eine klare Funktionszuweisung überzeugt allenfalls im ökologischen Zusammenhang: Bei manchen *Acacia*-Arten (vor allem denen der afrikanischen Savanne) ernähren sich von den zuckrigen Ausscheidungen der Blattnektarien ziemlich aggressive Ameisen, die alle möglichen saugenden Parasiten von „ihrem“ Baum fernhalten. Dieser spezifische Job ist bei den Pflanzenarten unserer Breiten allerdings kaum angesagt, aber dennoch finden sich bei erstaunlich vielen Arten Nektarien außerhalb der Blüten.

Christrose

Rundum grüne Nektarblätter

Von ihren wenigen natürlichen Vorkommen in den Bergwäldern der Alpen werden Sie die attraktive Christrose womöglich nicht kennen – aber vielleicht aus dem Garten. Gärtnerisch kultivierte Exemplare der Christrose, Schneerose oder Schwarzen Nieswurz (*Helleborus niger*) werden in Mengen mit mancherlei Tricks so herangezogen, dass sie rechtzeitig in der verkaufsträchtigen Vorweihnachtszeit aufblühen und dann ihrem Namen alle Ehre machen. Eigenartigerweise ist die Pflanze trotz ihrer Herkunft aus den höheren Gebirgslagen ziemlich frostempfindlich. An ihrem natürlichen Standort ist sie während der klimatisch ärgsten Winterwochen jedoch durch eine (normalerweise vorhandene) Schneeauflage geschützt. Hier blüht sie auch meist nicht vor Ende Februar auf.

Nektar in Tütchen

Blickfang der Christ- oder Schneerose ist die hübsche, bis zu sieben Zentimeter breite Blüte. Die meist fünf Blütenhüllblätter sind entweder schneeweiß oder ganz leicht rötlich bis grünlich getönt. Nach der Hauptblütezeit werden sie übrigens kräftiger grün und betreiben – offenbar zur Unterstützung der Samenreifung – auch aktiv Fotosynthese.

Schaut man sich die aparten Blüten etwas genauer an, müsste man eigentlich stutzig werden: Von außen nach innen zeigen sich die großen, flach ausgebreiteten Blütenhüllblätter, dann folgt eine größere Schar von gelblichen Staubblättern und ganz innen eine respektable Anzahl von langen Griffeln, die jeweils zu den zahlreichen Fruchtknoten gehören.

Soweit entspricht dieses Arrangement der üblichen Blütenarchitektur. Aber: Zwischen den Blütenhüll- und den Staubblättern und ein wenig unter diesen versteckt finden sich dicht an dicht im Kreis seltsam gelblich grüne Gebilde, die wie kleine kurzgestielte Tütchen mit einer Öffnung nach außen aussehen. Es sind speziell ausgeformte Nektarblätter, wie sie bei vielen Vertretern der Hahnenfußgewächse vorkommen. An ihrer inneren Basis befinden sich Drüsenzellen, die Nektar absondern.

Blütenbesucher finden das Nahrungsangebot bei der Schneerose also nicht sofort und frei zugänglich vor, sondern müssen erst ein wenig danach suchen. Das verlängert die Kontaktzeit, womit sich letztlich die Chance der erfolgreichen Pollenaufladung deutlich erhöht.

Tiefschwarze Wurzeln

Die Namen Christ- und Schneerose haben wir oben geklärt. Aber wieso heißt die Pflanze auch „Schwarze Nieswurz“, obwohl sie doch so eindrucksvolle weiße Blüten trägt? Diese farbbezogene Namensgebung bezieht sich auf die schwarzen Wurzelstöcke (Rhizome) und Wurzeln, während Nieswurz die darin enthaltenen Inhaltsstoffe zitiert: Die gepulverten Wurzelstöcke waren früher Bestandteil verschiedener Schnupftabake – eine durchaus nicht ganz unkritische Zutat, denn die Pflanze enthält einen recht gefährlichen Mix aus Saponinen, Alkaloiden und herzwirksamen Giften.

Die zu starkem Niesen reizenden Inhaltsstoffe verwendete man übrigens im Altertum als vermeintlich probates Heilmittel zur Therapie psychischer Erkrankungen. Für dieses spezielle Einsatzgebiet empfahl sie übrigens schon Hippokrates. Von solchem phytotherapeutischen Schabernack ist man heute glücklicherweise ganz weit entfernt.

Die Christrose blüht oft schon im Februar.

Beim Sonnentau ist der Tau äußerst klebrig.

Sonnentau

Glitzern kann gefährlich sein

Vorsicht – der Gattungsname Sonnentau leitet in die Irre. Was hier glitzert, ist nämlich überhaupt kein Tau. Tau kondensiert aus der wasserdampfgesättigten Luft in der Kühle der Nacht und macht dann jede Wiese zum kurzfristigen Feuchtbiotop. Sobald aber die Sonne über den Horizont steigt, ist es mit dem aparten Zauber von Tausenden glitzernder Wasserperlen rasch vorbei. Die Tropfen des Sonnentaus sind allerdings dauerhafter. Bei Streifzügen durch Heide- und Moorgebiete werden Sie diese faszinierende Pflanze sicherlich entdecken.

Ein echter Sonnentau bietet reichlich Glamour über den ganzen Tag. Seine verführerischen Tautröpfchen bestehen auch nicht aus Wasser, sondern sind ein betont zäher Leim. Damit wird die Sache sonnenklar: Der Sonnentau (*Drosera rotundifolia* und andere Arten, vom altgriechischen *drosos* = Tau) legt mit seinen einladenden Glitzerblättern recht gefährliche Leimruten aus und fängt damit ziemlich erfolgreich kleine Bodentiere.

Im gesamten Randbereich tragen die Blätter drüsige Tentakeln, die an ihrer Spitze einen glänzenden, zähflüssigen und angenehm duftenden Tropfen abscheiden. Kleininsekten, die diese Tropfen im Vorbeiflug für eine einladend üppige Nektarquelle halten, werden unversehens festgeleimt. Herumzappeln verschlimmert nur ihre Lage, denn dann geraten sie auch noch mit den benachbarten Tentakeln in Kontakt und kommen erst recht

Der Kap-Sonnentau begnügt sich notfalls mit Wurststückchen.

nicht mehr los. Die Fangtentakel leimen aber auch ahnungslose Bodentiere wie Ameisen und kleine Spinnen, die arglos über die Blätter huschen.

Etwa eine Stunde nach dem Kontakt krümmt sich der gereizte Tentakel nach innen, und nach einer weiteren Stunde rollt sich das gesamte Blatt ein. Jetzt kommt die unglückliche Beute mit den Verdauungssekreten in Kontakt, die sich in der Blattmitte befinden. Sie scheiden vor allem Eiweiß spaltende Enzyme aus und leiten die Zersetzung der Opfer ein. Nach wenigen Tagen ist der Job erledigt. Lediglich die harten Außenskelette der Insekten bleiben unverdaut. Nach einigen Tagen strecken sich die Blätter wieder und die leeren Hüllen fallen herab.

Außerhalb der Gefahrenzone

Die drei heimischen Sonnentau-Arten kommen wie ihre Gattungsgenossen auf extrem nährstoffarmen Moor- oder feuchten Sandmagerböden vor. Sie sind also auf eine zusätzliche Versorgung mit Stickstoffverbindungen für das eigene Wachstum angewiesen, und diese gewinnen sie aus der Verdauung ihrer Opfer. Damit kehren sie den üblichen Energiefluss um. Normalerweise ernähren sich Tiere von Pflanzen ...

Allerdings haben die Kleintiere fangenden Sonnentaue ein besonderes Problem. Einerseits sollen ihnen Insekten als dringend benötigte Nahrungsergänzung auf den verführerisch glitzernden Laubblatt-Leim gehen oder fliegen, aber andererseits benötigen sie einige Vertreter dieser Tiergruppe auch unbedingt als Blütenbestäuber. Die Lösung des Problems ist ebenso einfach wie wirksam: Die Blütenstände der Sonnentaue sitzen an sehr langen Stielen und mindestens eine Handbreite über den für Kleintiere so lebensgefährlich tückischen Klebefallen.

Wegerich

Alle auf dem rechten Platz

Blätter sind keineswegs zufällig an einer Pflanze verteilt. Am Wegerich kann man die Regelmäßigkeit besonders gut beobachten. Lassen Sie sich nicht täuschen: Beim Blick auf eine nicht blühende Pflanze mit beblättertem Stängel mag es zunächst so aussehen, als seien die einzelnen Laubblätter ziemlich regellos über die Achsenstrecke verteilt. Aber wie so oft im Leben – der erste Eindruck täuscht. Die Positionierung der grünen Blätter folgt einem geradezu mit mathematischer Akribie festgelegten Programm mit strenger Sitzordnung.

Sprossachse beziehungsweise Stängel gliedern sich in Knoten (Nodien) und die Abschnitte dazwischen (Internodien). Sitzt an einem Knoten nur ein Blatt, steht das Blatt des nächsthöheren Knotens nicht genau darüber, sondern ist um einen bestimmten Winkel versetzt. Die Blätter sind dann wechselständig. Von unten nach oben ergibt ihre Abfolge eine regelmäßige Spirale. Nun kann man die Zahl der Umläufe bestimmen, um wieder auf ein höheres Blatt zu treffen, das (einigermaßen) genau über einem tieferen Vorgänger steht.

Das lässt sich höchst elegant als Bruchzahl ausdrücken – die Zahl der benötigten Umläufe schreibt man in den Zähler, die Anzahl der beim spiraligen Aufstieg angetroffenen Blätter in den Nenner. Überraschend ergeben sich dann mit 1/2, 1/3, 2/5, 3/8 und 5/13 nur relativ wenige Grundtypen.

Noch überraschender ist, dass diese von den Botanikern Karl Schimper (1803–1867) und Alexander Braun (1805–1877) um 1830 herausgefundene Regelhaftigkeit exakt der berühmten Zahlenreihe entspricht, die nach dem italienischen Mathematiker Fibonacci (eigentlich Leonardo von Pisa, 1170–1250) benannt ist: Die Zähler- und die Nennersumme zweier Brüche ergeben die jeweils folgende Bruchzahl.

Besonders eindrucksvoll zeigt sich das Projektionsbild einer Fibonacci-Reihe bei Pflanzenarten, die wie Breitblättriger Wegerich (*Plantago major*) oder die Königskerzen-Arten (*Verbascum* sp.) eine vielgliedrige Blattrosette dicht am Boden entwickeln.

Die Wegerich-Blätter sind nicht zufällig angeordnet.

Bewundernswerte Blüten

Normale Laubblätter erscheinen nicht unbedingt erwähnenswert, doch Blüten sind eine ganz andere Klasse. Sie sind der visuelle Höhepunkt im Pflanzenleben – ästhetisch ebenso wie funktional sind sie kleine bis ziemlich große Wunderwerke. Dabei stellen sie aber kein weiteres Grundorgan dar, denn Blüten bestehen aus umgestalteten Blättern. Faszinierend ist die Interaktion mit ihren tierischen Besuchern, die dieses Kapitel anhand aufregender Beispiele vorstellt.

Aronstab

Kidnapping in der Kesselfalle

Hätten Sie das je geahnt? Da ereignen sich am Waldboden echte Kriminalfälle. Der Aronstab gehört offensichtlich zu den Tätern. In der heimischen Flora kommen ein paar abgedreht agierende Pflanzenarten vor, die ihre Pollen tragenden Besucher heimtückisch in finstere Verliese locken und dort zumindest zeitweilig in Arrest nehmen. Eindrucksvoll ist das im Frühjahr beim Aronstab (*Arum maculatum*) zu erleben.

Der Kolben ist die Blütenstandsachse.

Der Aronstab-Blütenstand ist von einem großen, tütenförmigen Hochblatt umschlossen, in das eine kolbenförmige Verlängerung der Blütenstandsachse (Spadix) hineinragt. Hier findet ein so intensiver Stoffwechsel statt, dass der Blütenstand fast immer um mindestens 10 °C wärmer ist als die Umgebung. Das können Sie fühlen.

Gleichzeitig produziert der Blütenstand einen für unsere Nasen nicht gerade angenehmen Duft und setzt seine spezifische Note wärmebedingt sogar noch besonders wirksam frei. Schmetterlingsmücken (Gattung *Psychoda*) finden ihn so unwiderstehlich toll, dass sie scharenweise herbeikommen, denn sie vermuten hier aufgrund des Kotgeruchs eine ergiebige Futterquelle für ihre Larven.

Ein glattes Parkett ist immer kritisch

Sobald Insekten auf dem Hochblatt des Aronstabs landen, gibt es allerdings kein Halten mehr. Auf der öligen und deshalb spiegelglatten Oberfläche rutschen sie geradewegs nach unten in eine kesselförmige Falle. Alle Versuche dieser zu entkommen vereiteln die hemmungslos glatten Wände sowie die starren Reusenhaare am Kesseleingang.

Erst wenn die vorweiblichen Narben durch mitgebrachten Pollen bestäubt sind, geht auch allmählich der Heizofen aus. Die Häftlinge sammeln sich dann gern nah beim Kesselausgang, wo es noch am längsten warm ist, und hier öffnen sich jetzt tatsächlich die männlichen Blüten.

Nachdem sich die Inhaftierten erneut mit Pollen beladen haben, welken die Reusenhaare und geben den Weg nach draußen frei. Spätestens nach 24 Stunden hat die Inhaftierung ein gutes Ende gefunden – bis zum Besuch der nächsten Kesselfalle, die wieder so ungemein einladend nach Kot duftet.

Hier wurde die Kesselfalle geöffnet.

Beinwell

Man muss sich zu helfen wissen

Zum üppigen Nahrungsangebot der Blüten für ihre heftig umworbenen Besucher gehört häufig hochkonzentriert Flüssiges. Manchmal machen es die Pflanzen den Bestäubern aber nicht leicht. Die je nach Pflanzenart an verschiedenen Stellen einer Blüte aus speziellen Nektardrüsen(feldern) abgegebenen Zuckersäfte stammen immer aus dem Stoffwechselbetrieb der grünen Laubblätter. Über die pflanzeninternen Leitbahnen werden sie zielgerichtet bis an die Zapfstelle Blüte transportiert. Hier finden die Blütenbesucher das gewöhnlich reichliche Nektarangebot meist offen und frei zugänglich vor – so etwa in den schüsselförmigen Blüten des Spitz-Ahorns, die geradezu vor Nektar triefen.

In anderen Fällen müssen die besuchenden Insekten allerdings erst ein wenig mühsam nach den eher verborgenen Nektarquellen suchen (zum Beispiel bei der Schneerose auf S. 96). Manche Arten versperren den Blüteneingang sogar mit besonderen Schuppen. Dazu gehört der Beinwell (*Symphytum officinale*), der in der heimischen Flora mit cremeweißen, stärker gelblichen, blauvioletten oder purpurnen Blüten erfreut.

Die Rache der zu kurz Gekommenen

Langrüsselige Hummeln können ihren Saugrüssel problemlos an den sperrigen Schlundschuppen der knapp zwei Zentimeter langen Blütenkronen vorbeibugsieren. Kurzrüsselige Hummel-Arten haben mit diesen Blüten dagegen ein echtes Problem. Aber sie wissen sich zu helfen: Sie beißen die engen Kronröhren tief an der Basis an, beuten den Nektar aus und umgehen die eigentlich vorgesehene Bestäubungsroute. Das ist zwar schlicht Nektardiebstahl, aber die betreffenden Hummeln kommen dennoch zu ihrer Nahrung.

Die Einbruchspuren zeichnen sich klar und deutlich ab: Außer den Löchern in der Kronröhre sieht man (besonders bei den hell gefärbten Exemplaren) auch rostig braune Stellen wie bei angeschnittenen und länger liegenden Äpfeln. Vergleichbare Einbruchshinweise sieht man gelegentlich auch an den Spornen von Akeleien und am Helm des Eisenhuts.

Kurzrüsselige Hummeln haben mit den Blüten ein Problem.

Berberitze

Schlagfertige Blüten

Bienen und Hummeln sind für viele Blütenpflanzen die wichtigsten Bestäuber. Doch die Pflanzen lassen es nicht auf den Zufall ankommen

Versuchen Sie doch mal, die Details wirklich wahrzunehmen – es ist zugebenermaßen ein wenig schwierig: Bienen und Hummeln sind in den Pollen liefernden Blüten meist so hektisch und rasch zu Gange, dass man die Einzelheiten der Pollenaufladung gar nicht genau verfolgen kann. Oft vollzieht sich die Übergabe der Pollenkörner dabei passiv: Die Tiere streifen an den weit geöffneten Staubbeuteln entlang, und an ihrer wolligen Behaarung bleibt der Pollen aufgrund seiner besonderen Klebrigkeit portionsweise hängen.

Zu diesem standardisierten Übergabemodell bestehen bemerkenswerte Alternativen, die die aktive Mithilfe der Pflanzen einschließen. Als eines der Beispiele wählen wir die als Wildpflanzen oder Ziersträucher weit verbreiteten Berberitzen (*Berberis* spp.). Die heimische Berberitze (*Berberis vulgaris*) sieht man in der Kulturlandschaft nicht mehr ganz so häufig, weil sie als Zwischenwirt der Pilzerkrankung Getreiderost geradezu systematisch ausgerottet wurde.

Viel häufiger ist die als (verwilderte) Zierpflanze besonders weit verbreitete und nahe verwandte Mahonie (*Mahonia aquifolium*). Die Filamente der in diesen Blüten vorhandenen sechs Staubblätter sind eigenartigerweise an ihrer Basis reizbar: Berührt sie hier ein Blütenbesucher, weil er die am Blütengrund reichlich angebotene Nektarmenge ausbeuten will, klappen sie sekundenschnell und geradezu schlagartig nach innen und reiben ihm dabei eine gehörige Pollenportion in den Pelz.

Dieses Bewegungsmanöver – es gehört zu den raschesten im Pflanzenreich – lässt sich leicht mit einer Nadel oder einem dünnen Grashalm auslösen. Wenige Minuten später sind die Staubblätter übrigens wieder in ihre Ausgangsposition zurückgekehrt.

Das ist ja reizend

Reizbare Staubblatt-Stielchen finden sich auch bei den meisten Zistrosengewächsen, bei den vor allem im Mittelmeergebiet beheimateten Zistrosen (*Cistus* spp.) selbst und vor allem bei den heimischen Sonnenröschen (*Helianthemum* spp.). Hier stehen die gewöhnlich zahlreichen Staubblätter als dichtes Büschel zusammen. Berührt sie ein Insekt (oder der Experimenta-

Berberitzen-Blüten schlagen zu.

tor mit einem dünnen Grashalm) an der Basis, breiten sie sich sofort zu einem weit geöffneten Strauß aus. Bei diesem Bewegungsablauf fahren sie dem Blütenbesucher wie Puderquasten über den Kopf und hinterlassen dort jede Menge Pollenkörner.

Besenginster

Fighting Flowers

Der Besenginster zeigt saure Böden an.

Bei den von Tieren bestäubten Pflanzen gibt es verschiedene Verfahren, wie eine Blüte ihren Pollen möglichst wirksam überträgt. Dazu finden sich auch in der heimischen Flora überraschende Lösungen. Möglicherweise sehen Sie das ganz ähnlich: Blüten und Blumen mögen uns bei naiver Wahrnehmung zwar vor allem als dekorative Zugabe unserer Umwelt erscheinen, aber ihr eigentlicher biologischer Auftrag ist sicherlich nicht unser Amüsement, sondern ausschließlich der Reproduktionserfolg der betreffenden Arten. Um diesen möglichst wirkungsvoll zu sichern, setzen fast alle Pflanzenarten besondere, oft sogar artspezifische und fast immer sehr erstaunliche Mittel ein.

Mit erstaunlichen Auftragungshilfen überraschen die meisten Vertreter der Schmetterlingsblütengewächse. Beim gebietsweise ziemlich häufigen Besenginster (*Cytisus scoparius*) sind die langen Stielchen der zehn Staubblätter zwischen den beiden untersten Kronblättern (Schiffchen) der noch unbesuchten Blüte spiralig aufgerollt und stehen hier wie eine stramm aufgezogene Uhrfeder unter starker Spannung.

Drückt eine landende und zudem relativ schwergewichtige Hummel die beiden zum Schiffchen verbundenen Kronblätter herunter, entlädt sich das mechanisch gespannte Ensemble augenblicklich: Der Besucher bekommt somit einen kräftigen Kinnhaken, trägt aber anschließend ein paar hundert Pollenkörner davon. Die blütenbesuchenden Hummeln – sie sind die Hauptgäste des Besenginsters – nehmen diesen aus menschlicher Sicht recht unfreundlichen Empfang absolut gelassen hin. Sie stecken schließlich geradezu routinemäßig einiges weg – etwa auch Frontalzusammenstöße mit einer spiegelnden Fensterscheibe.

Die Stielchen der Staubblätter standen unter Spannung.

Besenheide

Krautige Sträucher

Um den interessanten Blütenaufbau dieser Gattungen kennenzulernen, braucht man nicht einmal ein Heidegebiet aufzusuchen – viele werden Sie auch in Gärten finden. Obwohl sie Heide*kraut*gewächse heißen, sind die weitaus meisten heimischen Vertreter der Familie Ericaceae in Wirklichkeit echte Holzpflanzen. Im Mittelmeergebiet kommen mit den beiden Erdbeerbaum-Arten (*Arbutus unedo, A. andrachne*) tatsächlich baumförmig wachsende Familienmitglieder vor, aber in unseren Breiten reichen sie kaum über Kniehöhe hinaus und gelten deswegen als Zwergsträucher. Erst die jüngeren Umstellungen in der modernen Blütenpflanzensystematik haben übrigens den Heidekrautgewächsen mit der Eingliederung der Wintergrün- (Pyrolaceae) und der Fichtenspargelgewächse (Monotropaceae) auch eine Reihe krautiger Formen und Stauden eingebracht.

Großartige Zwergsträucher

Die meisten heimischen Arten der Ericaceae sind überwiegend kleine bis sehr kleine Zwergsträucher. Einige von ihnen bilden eher lockere und nur wenig auffällige Bestände, darunter die Moosbeere (*Vaccinium oxycoccos*) oder die wintergrüne, mit weithin kriechenden Grundachsen auf Hochmooren wachsende und nach mehrheitlicher Einschätzung ziemlich giftige Rosmarinheide (*Andromeda polifolia*), auch Polei-Gränke, Sumpfrosmarin, Torfmyrte oder Lavendelheide genannt.

Andere Arten treten oft ziemlich individuenreich und geradezu bestandsbildend auf, darunter die häufige Besenheide (*Calluna vulgaris*), volkstümlich auch einfach nur Heidekraut genannt, sowie die aparte Glocken-Heide (*Erica tetralix*). Vor allem wenn diese beiden Arten ab Spätsommer in Blüte stehen, verändert die Heidelandschaft auf äußerst ansprechende Weise ihr Gesicht. Großflächige Heidegebiete (beispielsweise die Lüneburger Heide oder die Hoge Veluwe nahe Arnhem in den südlichen Niederlanden), die immer kulturlandschaftliche Relikte sind, werden dann zu wahren Pilgerstätten von großstädtisch geprägten „Naturenthusiasten“.

Die Besenheide ist das typische Heidekraut.

Einladung zur Blüteninspektion

Der genauere Blick mit der Lupe informiert darüber, dass die Staubbeutel in den Blüten der Heidekrautgewächse auf dem Rücken je zwei lange, spornartige Fortsätze tragen. Wenn ein Insekt die meist hängende Blüte aufsucht und sich hier heftig rumorend an einem Staubgefäß zu schaffen macht, übertragen diese Sporne die ausgelösten Erschütterungen auf die Nachbarn und lassen somit den Pollen weitaus effektiver herausrieseln. Praktischerweise öffnen sich die Staubbeutel nach dem Salzstreuerprinzip mit einer großen Pore an der Spitze.

Bei den Ericaceae bleiben übrigens alle vier Pollenkörner, die sich aus einer Pollenmutterzelle im Staubblatt durch Reifungsteilung entwickeln,

Die Glocken-Heide prägt ebenfalls die Heidelandschaft.

ausnahmsweise als Viererpackung zusammen. An solchen Pollenkorntetraden kann man im mikroskopischen Bild einen Heidehonig eindeutig von anderen Honigsorten unterscheiden.

Mal ganz aus der Nähe

Besenheide (*Calluna*) und Heide (*Erica*) zeigen trotz enger Verwandtschaft einen völlig unterschiedlichen Blütenaufbau: Bei der Besenheide geht die Schauwirkung der attraktiven Blüten von den hellviolett gefärbten Kelchblättern aus. Die weißlichen bis hellpurpurnen Kronblätter sind dagegen eher unscheinbar und deutlich kürzer als der Kelch. Sie umschließen am Blütengrund die acht Nektardrüsen. Außen an der Blüte finden sich vier winzige kelchblattartige Hochblätter.

Die Blüten der *Erica*-Arten zeigen eher die Normalsituation: Ihre Kelchblätter sind grün, und die Kronblätter sind zu einer krugförmigen Glocke verwachsen. Bemerkenswert ist ihre Bestäubungsbiologie: Die kurzrüsseligen Bienen erreichen den Nektar am Blütengrund nicht und die Erdhummeln nur, wenn sie unten ein Loch in die Kronenglocke beißen. Hauptbestäuber sind die im Volksmund als „Gewitterwürmchen" bezeichneten Kleininsekten aus der Ordnung Fransenflügler (Blasenfüße, Thysanoptera), vor allem die Art *Taeniothrips ericae*. Diese interessanten Kleintiere sind in den meisten Blüten zu finden. Hier entwickeln sich auch ihre Larven.

Es gibt noch mehr zu sehen

Die Stoffwechselmaschinerie verläuft bei allen grünen Pflanzen im Wesentlichen gleich. Äußerlich nimmt die Produktionsstätte Blatt jedoch unterschiedliche Gestalten an. In Größe, Umriss und Aufteilung sind Laubblätter so variantenreich, dass man mit ihrer Hilfe meist zuverlässig die Arten bestimmen kann. Da finden sich die Riesenblätter der Pestwurz-Arten neben den Kleinstblättchen der Mastkräuter.

Bei den Heidekrautgewächsen gibt es eine betrachtenswerte Sonderform: Rollblätter als erstaunliche Anpassung an trockene Standorte. Ihre Blattränder sind nach unten umgebogen und verlagern die Spaltöffnungen damit in einen windgeschützten Raum. Eine betonte Rollblattgestalt zeigt die Glocken-Heide. Noch weiter fortgeschritten ist das Rollblatt bei den schmächtigen Blattgebilden der Besenheide, wo sogar mitten auf der Blattoberseite ein neuer Blattrand entsteht. Den stärksten Umbau haben die winzigen Blätter der Krähenbeere (*Empetrum nigrum*) erfahren. Hier hält eine feine Haarleiste die zusammengerückten Blattränder dauerhaft in Position.

Brennnessel

Explodierende Blüten

Brennnesseln fallen nicht nur durch ihre Fähigkeit zur Selbstverteidigung auf – sogar ihre Staubgefäße sind explosiv. Vermutlich teilen Sie diese Einschätzung: Die Große Brennnessel (*Urtica dioica*) ist keine besonders beliebte, aber eine bemerkenswert interessante Pflanze (Näheres zu den Brennhaaren finden Sie auf S. 61). Zudem steht sie bei Wildkrautküchen-Enthusiasten (wieder) hoch im Kurs, denn sie lässt sich spinatähnlich als schmackhaftes Wildgemüse oder auch (nach kurzem Blanchieren) in Wildkrautsalaten verwenden. Dass die Blätter der Großen Brennnessel offenbar ziemlich schmackhaft sind, haben übrigens die Raupen unserer attraktiven Tagfalter wie Kleiner Fuchs, Tagpfauenauge, Admiral und Landkärtchen schon vor Urzeiten herausgefunden …

Blüten unter Spannung

Wie ihr wissenschaftlicher Name verrät, ist die Große Brennnessel zweihäusig (diözisch) – es gibt also rein weibliche und rein männliche Exemplare. Die männlichen Exemplare erkennt man an den ab Juni erscheinenden, leicht weißlich grauen Blütenständen in den oberen Blattachseln. Die weiblichen Blütenstände sind dagegen eher gelblich grün.

Explodierende Früchte sind in mehreren Verwandtschaftskreisen der Blütenpflanzen ein durchaus etabliertes Thema (siehe auch S. 180). Aber explodierende Blüten? Nehmen Sie eine blühende Brennnessel-Spitze mit graugrünen, männlichen Blütenständen einmal genauer unter die Lupe.

Die dicht aufgereihten Einzelblüten sind vierzählig. Anfangs sind ihre einzelnen Staubblätter nach innen aufgerollt und stehen unter Spannung. Wärme, Trockenheit und/oder eine leichte Berührung befreien sie augenblicklich aus der Zwangslage der Blütenhülle. Die eingekrümmten Staubblattstielchen strecken sich geradezu schlagartig und lassen dabei kleine Pollenwolken entweichen – ein durchaus sehenswertes Spektakel. Brennnesseln sind windblütig. Mit ihren Staubblatt-Explosionen leisten sie eine besondere Starthilfe für die optimale Ausbreitung über die Luftroute.

Der Vorgang der Staubblattstreckung dauert nur ein paar Sekundenbruchteile. Beim Kanadischen Hartriegel (*Cornus canadensis*) hat man die Geschwindigkeit anhand extremer Zeitdehneraufnahmen messen können: Innerhalb von nur 0,5 Millisekunden stehen die Staubblattstielchen gerade.

Die Staubblätter der männlichen Blüten sind explosiv.

Die Röhrenblüten werden von Schmetterlingen besucht.

Färberkamille

Kopfrechnen

Nicht nur die Blätter der meisten Pflanzen sind mathematisch korrekt angeordnet – auch bei den Blüten der Korbblütler bleibt nichts dem Zufall überlassen. Die schon bei der Blattrosette der Wegerich-Arten (Näheres dazu auf S. 100) kurz vorgestellte Fibonacci-Zahlenreihe birgt den Schlüssel zum Verständnis erstaunlich vieler Formen. Meist liegt ihnen eine logarithmisch wachsende Spirale zu Grunde, wie man sie in einem Pinienzapfen, einer Wegerich-Grundblattrosette, einer Magnolienblüte und auch im Design eines Schnirkelschneckenhauses findet.

Diese Spiralform behandelte erstmals der Schweizer Mathematiker Jakob Bernoulli (1654–1705) rechnerisch. Er empfand sie geradezu als magisch und bat sogar darum, man möge ihm ein solches Kurvenbild in seinen Grabstein meißeln. Bernoulli ruht auf einem Basler Friedhof. Die Nachfahren haben jedoch nicht aufgepasst: Die Spirale auf seinem Grabmal ist nämlich eine archimedische, in der der Abstand der Spiralbögen vom Ausgangspunkt nicht logarithmisch, sondern konstant wächst ...

Seltsame Spiralen

Die fast ein wenig mystische Fibonacci-Reihe erklärt noch ein weiteres pflanzliches Geheimnis. Eindrucksvolle Beispiele für Bauteile, die auf Spiralbögen positioniert sind, bieten die Blütenköpfe vieler Korbblütengewächse, und zwar hinsichtlich der Platzierung ihrer zahlreichen Röhrenblüten im Zentrum des eventuell ziemlich großen Blütenkorbs – so zu finden beispielsweise bei der hübschen Färberkamille (*Anthemis tinctoria*). Bei genauerem Hinsehen sind ihre bis zu 500 Röhrenblüten eben nicht auf Geraden, sondern auf Spiralbogensegmenten angeordnet.

Diese Bogenausschnitte sind tatsächlich Teile einer logarithmischen Spirale. Die genauere Analyse zeigt viele links-, aber deutlich weniger rechtsläufige Spiralsegmente. Ähnliche Verhältnisse trifft man – um einige Nummern vergrößert – in den imposanten Blütenköpfen der Sonnenblume (*Helianthus annuus*) an. Bildet man aus der Anzahl der links- und rechtsläufigen Spiralbögen den Quotienten, ergibt sich überraschend die magische Zahl $\Phi = 1{,}618$ des Goldenen Schnitts. Aus guten Gründen wählte man gerade das Symbol Φ (im griechischen Alphabet der Buchstabe Phi) zu Ehren des griechischen Bildhauers Phidias (500–432 v. Chr.), der in seinen Skulpturen (angeblich) als Erster die geheimnisvollen Proportionsregeln des Goldenen Schnitts anwandte.

Übrigens: Wenn man am Computer die einzelnen Röhrenblüten einer Färberkamille oder Sonnenblume auf absolut geraden Linien zeichnen lässt, mag niemand mehr gern hinsehen, denn das Ergebnis wirkt einfach zu technokratisch. Die hübsche, weil logarithmische und auch sonst bei Lebewesen in dieser Maßbeziehung auftretende Rundung ist das eigentliche Geheimnis der ausgesprochen ansprechenden Gesamtwirkung.

Fingerhut

Nichts als Schwindel

Um Bestäuber anzulocken, greifen manche Pflanzen auch zu Täuschungen und operieren mit Attrappen. Der Freiburger Biologie Günter Osche hat Ende der 1970er-Jahre die bemerkenswerte Theorie entwickelt, nach der manche Blütenfarbmale nicht nur als Wegweiser und Richtungsmarker für die Bestäuber dienen, sondern tatsächlich Pollen- bzw. Staubblatt-Attrappen sind. Viele Schwertlilien, darunter die formenreiche Deutsche Schwertlilie (*Iris germanica*), legen am Eingang zu jeder der drei Teilblüten (Näheres auf S. 153) einen hochflorig gelben Teppich aus, der wie ein ausgedehntes Staubblattfeld aussieht, aber nur aus langen und unergiebigen Haaren besteht. Pollen und Nektar gibt es nämlich an einer ganz anderen Stelle.

So könnte man also folgern, in der Schaufensterauslage solcher Blüten liege nur eine Attrappe, während die eigentliche Ware weiter hinten gehandelt wird. Das geht sogar noch weiter: Die plakative Ansage auf den Kronblättern ist nur noch ein besonderes Farbmal, das stellvertretend für das – meist recht überschaubare – Angebot an einer versteckten Stelle der Blüte steht.

Pflanzliche Kriminelle

Unter dem Stichwort „Täuschblumen" vermerkt auch die heimische Flora etliche kuriose bis unglaubliche Fälle. Die meisten Fallbeispiele versteht man heute als gelungenen Werbegag der Blüten: Sie versprechen mit ihrem Erscheinungsbild üppigste, in der Blüte angehäufte Pollenmengen. Erst nach der Landung sowie ganz aus der Nähe bemerkt der Besucher, dass er nach dem eher bescheidenen Pollenangebot intensiv suchen muss. Es ist fast so wie im richtigen Leben – der schöne Schein trügt eben mitunter.

Bei vielen Blüten fallen auf den Kronblättern eigenartige Flecken auf. Solche Fleckenmale finden sich unter anderem beim Roten Fingerhut (*Digitalis purpurea*), und zwar ausschließlich vorn auf dem unteren Rand der glockigen Blütenkrone, den ein Besucher als erstes wahrnimmt. Die Flecken sehen tatsächlich aus wie aufgemalte geöffnete Staubblätter und stellen unglaublich wirksame Staubblattattrappen dar. Wenn man diese Fleckenmuster mit pinkfarbenem Korrekturlack übermalt, wirken die Blüten auf potenzielle Besucher erheblich weniger attraktiv – direkt ablesbar an den deutlich zurückgehenden Anflugraten.

Der Fingerhut täuscht Staubblätter vor.

Je nach Kronblattuntergrund dunkler oder heller ausgestaltete Fleckenmale, die als Staubblattbilder zu deuten sind, finden sich auch bei vielen Vertretern der Nelken-, Lilien- und Orchideengewächse. Mit vielen Beispielen überraschen tropische Arten. Ein Besuch in den Gewächshäusern eines Botanischen Gartens könnte also auch zu dieser Thematik viel Unterhaltsames beisteuern.

Der Gilbweiderich hat seine eigene Kundschaft.

Gilbweiderich

Die eigene Ölquelle

Die Gilbweideriche haben eine besondere Kundschaft, und die locken sie nicht mit Nektar, sondern mit Öl an. In der heimischen Flora kommen mehrere Arten der Gattung *Lysimachia* vor: Auf frischen bis nassen Lehmböden ist besonders häufig der Gewöhnliche Gilbweiderich (*Lysimachia vulgaris*) zu finden. In Gärten sehen Sie dagegen vorwiegend den aus Südosteuropa stammenden, aber bei uns zunehmend eingebürgerten Drüsigen Gilbweiderich (*L. punctata*).

Lange Jahre wurde die Gattung zu den Primelgewächsen gezählt, aber neuerdings diskutiert man die Verlagerung in die benachbarte Familie Myrsinengewächse. Andere Autoren ordnen wiederum die Myrsinengewächse den Primelgewächsen zu. Doch die genaue Systematik der Gilbweideriche ist hier gar nicht unser Thema.

Einzigartiges Angebot

Tierbestäubte Blüten erzielen nur deswegen einen Reproduktionserfolg, weil sie ihre potenziellen Blütengäste nicht nur mit Farbe und Form anlocken, sondern auch Nahrhaftes zu bieten haben. Üblicherweise besteht das Angebot aus Knabberzeug (proteinreiche Pollenkörner) und/oder aus Hochprozentigem (konzentrierte Zuckerlösungen in Form von Nektar).

Nicht so bei den Gilbweiderichen: Sie bieten neben Pollen statt Nektar kein ätherisches, sondern tatsächlich ein fettes Öl an. Jetzt ist der Einsatz Ihrer Lupe erforderlich: Außen an den verbreiterten und zu einer Röhre verwachsenen Staubblattstielchen finden sich weißliche knospenartige Vorsprünge, die das Öl abscheiden. Dieses besondere Nahrungsangebot an Blütengäste kommt in der Natur sehr selten vor. Neben dem kleinen Acker-Gauchheil (*Anagallis arvensis*) sind die Gilbweideriche die einzigen europäischen Fallbeispiele für Ölblumen.

Spezielle Nutznießer

Die üblichen Blütenbesucher wie Schwebfliegen, Hummeln, Käfer und Schmetterlinge könnten zwar theoretisch die blüteneigenen Ölquellen nutzen, doch das tun sie nicht. Die *Lysimachia*-Arten haben nämlich ihre ganz speziellen Kundenkreise: Sie werden ausschließlich von Schenkelbienen der Gattung *Macropis* besucht.

Deren Weibchen – beispielsweise die der Art *Macropis europaea* – nehmen das Öl mit besonderen Saugpolstern (geweihartig verzweigten Härchen mit enormer Kapillarwirkung) an der Innenflanke ihrer Vorder- und Mittelbeine auf und verlagern es in die Bürstenhaare der Hinterbeine. Dort verrühren sie es während des Flugs mit zuvor eingesammeltem Pollen zu einem beachtlichen Klumpen und tragen ihn in ihre Bodennester ein. Einen Teil des Blütenöls verwenden sie auch zur Auskleidung der Brutzellen.

Lysimachia-Blüten sind auch der bevorzugte Paarungsplatz der *Macropis*-Arten. Der Öltransport dient übrigens nur der Brutvorsorge. Ihre sonstigen Nahrungsbedürfnisse decken die Schenkelbienen durch Nutzung des Nektarangebots anderer Blüten.

Glockenblume

Einfach stielvoll

Die Glockenblume bietet Pollen am Stiel an.

Bienen oder Hummeln haben es auf den Pollen abgesehen. Blüten kennen jedoch verschiedene Methoden der Präsentation. Das haben Sie gewiss schon viele Dutzend Mal gesehen: Bienen oder Hummeln – beide beuten gern das Pollenangebot einer Blüte aus – vertiefen sich nach der Landung sofort in das Angebot und sammeln zielgerichtet (sowie ziemlich hektisch) die eventuell reichlich vorhandenen Pollenkörner ein.

Meistens schreiten sie dort zur Tat, wo ihnen die Pollenkörner angeboten werden, nämlich an den weit geöffneten Staubbeuteln. Blütenbiologen bezeichnen diese Offerte als primäre Pollenpräsentation, denn die Blütenbesucher holen das geschätzte Sammelgut direkt am Entstehungsort ab.

Unterschiedliche Lagerung

Wenn es für den oben genannten Normalablauf schon einen Fachausdruck gibt, wird es wohl auch ein alternatives Verfahren geben. Das kennt man tatsächlich und folgerichtig heißt es sekundäre Pollenpräsentation.

Unter anderem praktizieren dies die Glockenblumen (*Campanula* spp.) und das funktioniert so: Die Staubbeutel stehen eng ringförmig als Zylinder zusammen und öffnen sich nach innen. Nun durchwächst der anfangs noch sehr kurze Griffel mit fest verschlossenen Narbenlappen von unten diesen Zylinder und nimmt dabei die Pollenkörner mit seinen handfegerartig schräg aufwärts gerichteten Haaren mit nach oben.

Zuletzt liegen die ausgefegten Staubbeutel als nutzlose Hüllen schlaff am Blütenboden, während die gesamte Pollenmasse außen am Griffel und damit weit weg vom Entstehungsort Posten bezogen hat – sozusagen als Pollen am Stiel. Nur hier streifen die Besucher die begehrten Pollenkörner ab.

Natürlich befinden sich die am Griffel klebenden Pollenkörner in gefährlicher Nähe zur Narbe, doch sind deren fünf Narbenlappen zu diesem Zeitpunkt noch fest geschlossen und damit nicht belegungsfähig. Eine Selbstbestäubung ist daher bei diesem Ablauf ausgeschlossen. Die Narbenlappen öffnen sich erst ein paar Tage später, wenn der Pollen der eigenen Blüte längst abgesammelt ist.

Hahnenfuß

Der Glanz der Butterblume

Knallgelb und parademäßig auf Hochglanz poliert – so zeigen sich vom Frühjahr bis zum Frühsommer die Blütenblätter etlicher Pflanzenarten. Das Scharbockskraut (*Ranunculus ficaria*) und der Scharfe Hahnenfuß (*Ranunculus acris*) fallen durch ihre Blütenblätter auf. Weil sie in ihrem betonten Fettglanz aussehen wie ein leicht erwärmtes Butterflöckchen, bezeichnet der Volksmund sie auch als Butterblumen, wobei man damit in unterschiedlichen Regionen recht verschiedene Pflanzenarten meint.

Nun werden Sie vielleicht vermuten, die Blütenblätter erreichten diesen auffälligen Glanzeffekt durch eine entsprechende Oberflächenkosmetik. Tatsächlich liegt die Ursache aber buchstäblich eine Ebene tiefer: Die Zellen der mittleren Blütenblattschicht tragen nämlich nicht nur die gelben Farbstoffe, sondern sind auch noch randvoll angefüllt mit stark Licht brechenden und streuenden Stärkekörnern. Mit Jodtinktur, dem typischen Nachweisreagenz für pflanzliche Stärke, könnten Sie diese Glanzblätter sofort dunkelblau bis schwarz anfärben.

Die spiegelblank herausgeputzten Blüten wirken demnach wie kleine Reflektoren und genau darin liegt ihre Aufgabe. Sie reflektieren das auftreffende Sonnenlicht und daraus vor allem die kurzwelligen, für unsere Augen allerdings unsichtbaren ultravioletten Strahlen (UV-Licht). Viele Insekten können diese kurzwelligen Anteile des Lichts allerdings wahrnehmen. Auf UV-tüchtige Bestäuberinsekten wirken die Hochglanzblüten daher wie eine besonders grelle und heftig anmachende Leuchtreklame.

Der Glanz der Blätter geht nicht auf Fett zurück.

Die Blüten tragen die Staubblätter in Büscheln.

Johanniskraut

Gelbe Blüten, rote Finger

Das Johanniskraut fällt durch seine Blütenbiologie auf und hat einen Ruf als Heilkraut, dem es nicht in jedem Fall gerecht wird. Diese häufige Art können Sie einfach nicht übersehen: Das nach seinem durchschnittlichen Blühbeginn um den kirchlichen Johannistag (24. Juni) benannte Tüpfel-Johanniskraut (*Hypericum perforatum*) ist eine an Wegrändern, Böschungen, Gleiskörpern, Waldrändern sowie auf Trockenhängen fast überall in Europa recht häufige Art. Meist nimmt man diese hübsche Wildpflanze gerade wegen ihrer Häufigkeit gar nicht als etwas Erwähnenswertes wahr, aber genaueres Hinsehen und ein kleines Experiment zeigen doch mancherlei Merkwürdigkeiten.

Blüten wie ein Windrad

Die Blüten sind zwar fünfzählig, tragen aber ihre bis zu 100 Staubblätter eigenartigerweise in nur drei üppigen Büscheln. Diese ungewöhnliche Vergrößerung der Staubblattzahl bezeichnen die Blütenbiologen als sekundäre Polyandrie.

Die Blüten weisen weitere Merkwürdigkeiten auf. Ihre fünf Kronblätter sind auffallend asymmetrisch und ergeben zusammen eine windradähnliche Figur. Nur die jeweils linke Seite ist ein wenig gezähnt und trägt in den Zwischenräumen der Zacken eigenartig dicke sowie schwärzliche Punkte. Im Lupenbild erweisen sie sich als Sekretbehälter.

Wenn man – jetzt kommt Ihr Experiment – ein oder zwei Kronblätter (oder noch besser eine Blütenknospe) zwischen den Fingerkuppen zerquetscht, setzen sie überraschenderweise einen kirschroten Inhalt frei. Der Volksmund nennt ihn Elfenblut. Dieses Sekret enthält mehrere Komponenten, vor allem das farbgebende Hypericin – chemisch gesehen ein Mitglied der in Natur nicht allzu häufig auftretenden Anthrachinone.

Heil- oder Unheilpflanze?

Vor allem dieser Wirkstoff begründete den Ruf des Johanniskrauts als Heilpflanze. Immerhin war die Art Arzneipflanze des Jahres 2015. Zubereitungen setzt man gegen nervöse Unruhe und mittelschwere Depressionen ein. Allerdings ist die therapeutische Wirksamkeit umstritten. Dagegen sind zwei Randeffekte erwähnenswert: Hypericin macht die Haut pigmentarmer Personen ziemlich lichtempfindlich (Fotosensibilisierung). Ähnlich wirkt es auch auf hellhäutige oder weißfellige Weidetiere.

Der zweite Effekt betrifft die Leber: Hypericin aktiviert in den Leberzellen den wichtigen Hilfsstoff Cytochrom P450 und der wiederum fördert den Abbau von Arzneiwirkstoffen, darunter auch der Komponenten der „Pille“. Studentinnen, die in der Prüfungsphase zur Nervenglättung ein Johanniskraut-Präparat eingenommen hatten, wurden nach dem Examen prompt und überraschend schwanger …

Loch an Loch

Der Artnamenzusatz *perforatum* bedeutet durchlöchert. Er bezieht sich auf die zahlreichen lochartig erscheinenden Stellen der grünen Laubblätter, die man besonders im Gegenlicht gut erkennt. Das sind aber keine wirklichen Löcher, sondern in die Blattgewebe zahlreich eingelassene kleine Behälter mit einem ätherischem Öl, das jedoch andere Inhaltsstoffe führt als die Kronblattdrüsen. Nur in den Blattrandbereichen finden sich wenige schwärzliche Sekretbehälter mit Hypericin. Nach der mittelalterlichen Signaturenlehre glaubte man tatsächlich, dass solcherart durchlöchertes Johanniskraut ein zuverlässiges pflanzliches Hilfsmittel bei Hieb- und Stichverletzungen sei, was natürlich blanker Unfug ist.

Ölbehälter sehen aus wie Löcher.

Kiefer

Gelbe Massen

Sehen Sie sich doch zwischen April und Mai mal Ihre Fensterbänke an: Hier ist eine pflanzliche Wurfsendung gleich massenhaft an der falschen Stelle gelandet. Blütenpollen, wegen seiner geringen Größe auch einfach nur Blütenstaub genannt, muss zur Bestäubung und Befruchtung zwischen den Blüten ausgetauscht werden, damit überhaupt ein Frucht- und Samenansatz in Gang kommt.

Viele Pflanzen nutzen dazu die Luftroute – sie schlagen ihre Pollenmassen buchstäblich in den Wind und lassen sie einfach nach dem Flaschenpostverfahren verteilen. Nur der Massenversand garantiert dabei eine gute Trefferquote. Solche Pflanzen nennt man Windblüher. Zu ihnen gehören beispielsweise alle Nadelhölzer, von den Laubhölzern Hasel und Birke, von den krautigen Pflanzen die Brennnesseln sowie die Gräser unter Einschluss aller Getreidearten.

Verfrachtung auf der Luftroute

Schon im Spätwinter öffnen die Haselbüsche ihre gelben Kätzchen. Schüttelt man einen blühenden Haselzweig einmal kräftig durch, stieben die hellgelben Pollen gleich wolkenweise davon. Einige Wochen später öffnen sich die männlichen Blüten der Birken, dann diejenigen von Fichten und Kiefern. Auch sie verstreuen diese Nachricht im weiten Umkreis: Auf Fensterbänken, Autodächern und Wasserflächen schlagen sich gelbe Pollen als

Die männlichen Kiefernblüten produzieren Massen von Blütenstaub.

massive Beläge nieder. In Gegenden mit hohem Nadelholzanteil spricht man sogar von Schwefelregen.

Fällt nach mehreren Tagen Trockenheit einmal ein Regenguss, schwemmt er die angesammelten Pollenniederschläge in hellgelben Streifen an Gehwegrändern oder zwischen dem Straßenpflaster zusammen. Auch die sommerliche Gras- und Getreideblüte verbreitet Massen fliegender Kuriere – sie alle sind hellgelb. Diese Farbausstattung kann kein Zufall sein.

Eingebaute Sonnenbrille

Pollen sind immer winzige Zellen. Die meisten sind nur etwa 40 Mikrometer groß. 25 davon ergeben – hintereinander gereiht – gerade mal einen Millimeter. Ihr Auftrag ist es, das männliche Erbgut von Pflanze zu Pflanze zu tragen. Auf ihrer Luftroute gelangen sie leicht auch in höhere Schichten der Atmosphäre und sind dort eventuell viele Stunden oder sogar Tage lang der biologisch gefährlichen UV-Strahlung ausgesetzt. Diese könnte das in den Pollen transportierte Erbgut schädigen oder zumindest verändern – solche Einwirkungen sind also gewiss nicht besonders vorteilhaft.

Daher muss ein wirksamer UV-Schutz bestehen und den bieten tatsächlich die gelben Pollenpigmente. Es sind durchweg Karotinoide und damit Vertreter der gleichen Stoffklasse, die auch die Lichtschutzfaktoren in Sonnencremes stellen. Den natürlichen Lichtschutz haben die tierblütigen Arten beibehalten. Bei ihnen übernimmt die kräftig gelbe Staubblatt- beziehungsweise Polleneinfärbung auch noch Zusatzaufgaben als Locksignal an die Blütenbesucher.

Übrigens: Die vielen Fichten aus dem Siedlungsbereich sind am gelben Schwefelregen natürlich auch beteiligt.

Auch die Haselbüsche sind am gelben Segen beteiligt.

Kirschbaum

Obstblüte zu Weihnachten?

„Zweige zu St. Barbara, sind am Christtag Blüten da", beteuert eine alte Bauernregel. Aber warum blühen die Zweige um diese Zeit so willig? Traditionell schneidet man am 4. Dezember, dem katholischen Namensfest der heiligen Barbara, die Zweige bestimmter Gehölze, stellt sie in Wasser und kann dann ziemlich sicher sein, rund drei Wochen später zu Weihnachten einen heftig blühenden Zweig zu bekommen. Mitten in den düsteren Wintertagen nehmen die blühenden Barbara-Zweige den nächsten Frühling schon mal ein wenig vorweg. Je nach Region verwendet man für den eigenen Vor-Frühling in der guten Stube Apfelbaum-, Forsythien-, Hasel-, Kirschbaum, Pflaumenbaum-, Rosskastanien- oder Weißdorn-Zweige.

Das Brauchtum der Barbara-Zweige orientiert sich an einer alten Legende: Die historisch übrigens nicht gesicherte Barbara von Nikomedia (heute Izmir) starb angeblich als christliche Märtyrerin. Auf ihrem Weg ins Gefängnis knickte ihr Gewand einen Kirschbaumzweig ab. Den nahm sie mit ins Verlies und erlebte – so die fromme Legende – just am Tag ihres Todesurteils dessen Aufblühen.

Alte Legende, realer Hintergrund

Die tradierte Erzählung stellt sich aus Sicht der versachlicht argumentierenden Biologen etwas anders dar. Kernpunkt ist dabei das Problem, wie man die von der Natur aus strikt eingerichtete Knospenruhe vorzeitig abbrechen kann. Die Winterknospen der Gehölze enthalten einen komplizierten Cocktail verschiedener Pflanzenhormone. Der verhindert zuverlässig, dass die Knospen an milden Spätherbst- oder Wintertagen viel zu früh austreiben. Holt man etwa Anfang November irgendwelche Zweige in die warme Wohnung, passiert folglich rein gar nichts.

Am Barbara-Tag Anfang Dezember haben die Knospen draußen dagegen mit größter Wahrscheinlichkeit ein paar knackige Frostnächte ertragen müssen, und die verändern den Hormon-Cocktail total: Die zuvor von innen diktierte Knospenruhe ist jetzt dahin. Die Knospenkontrolle übernehmen nun ausschließlich die Außenfaktoren. Wärmeperioden bringen die nunmehr betriebsbereiten Knospen artabhängig innerhalb von rund drei Wochen zum Austreiben. Deshalb blühen im wintermilden Rheinland die Haselkätzchen draußen eventuell schon Mitte Januar.

Die von kräftigen Nachtfrösten gebrochene winterliche Knospenruhe, in Fachkreisen Vernalisation genannt, kann man auch künstlich einleiten. Wenn Sie ganz sicher sein wollen, dass Ihre Apfel- oder Kirsch-Zweige auch tatsächlich zu Weihnachten in der Vase erblühen, legen Sie sie nach dem Schneiden sicherheitshalber – gegen Wasserverluste durch Folie geschützt – ein paar Tage lang in die Tiefkühltruhe.

Kirschen können schon zu Weihnachten blühen.

Löwenzahn

Vom Blütenstand zur Pusteblume

Ohne jede tierische Hilfe arbeitet bemerkenswert erfolgreich die pflanzliche Luftflotte, in der Fallschirmspringer, Gleit- und Segelflieger antreten. Eins der bekanntesten Beispiele für pflanzliche Flugkünste kennen Sie garantiert: Es ist die Ausrüstung der Früchte (nicht Samen!) der Korbblütengewächse, die mit einem geöffneten Fallschirm an den Start gehen.

Der Löwenzahn ist nicht zufällig weit verbreitet.

Im Löwenzahn-Blütenstand ist der Kelchblattkreis jeder gelben Einzelblüte ausnahmsweise nicht blättrig wie sonst blütenüblich, sondern als Haarkranz entwickelt. Nach dem Abblühen verlängert sich dessen Achse in nur wenigen Tagen etwa um das Dreißigfache, breitet sich dann aus der Faltlage schirmförmig aus, wird durch Trocknen noch ein wenig ausgesteift und ist nun die bekannte Pusteblume.

Im Geschirr hängt ein im trockenen Zustand federleichtes, nicht einmal ein halbes Milligramm schweres Gebilde, das wie ein Samenkorn aussieht, aber tatsächlich eine Frucht ist. Samenschale und Fruchtwand sind hier nahezu untrennbar miteinander verwachsen und bilden die spezielle Fruchtform einer Achäne.

Etwa 200 bis 400 Fallschirmchen sitzen meist ab Mitte Mai startbereit auf dem reifen Fruchtstand. Bei absoluter Windstille sinken sie – was im Experiment in einer meterhohen, senkrecht aufgestellten Glasröhre leicht nachzuprüfen ist – mit etwa 30 Zentimeter je Sekunde und sind damit rund zwanzigmal langsamer als Sportfallschirme.

Schon mäßige Turbulenzen in der Luft halten sie längere Zeit in der Schwebe. Ein frischer Wind reicht demnach vollends aus, sie über viele Kilometer hinweg davonzutragen. Rückwärts gerichtete Haken verkrallen die irgendwo gelandete Frucht wie ein Klippanker an Bodenteilchen und verhindern somit, dass der nächste Windstoß sie aufwirbelt und zu einem neuen Flugmanöver zwingt.

Die Pusteblume enthält Hunderte von Schirmchen.

Das Mädesüß riecht auch in anrüchiger Umgebung noch gut.

Mädesüß

Nein, ist das süß …

Wenn Sie Mädesüß nur aus der Distanz anschauen, werden Sie seinen Duft vermutlich nicht wahrnehmen. Aber aus der Nähe beschnuppert, stellt sich das Erlebnis ganz anders dar. Das besonders attraktive, an seinen Wuchsplätzen meist auch in Mengen auftretende Echte Mädesüß (*Filipendula ulmaria*) lässt in der heimischen Flora die meisten anderen Pflanzenarten ziemlich fad erscheinen. Nicht einmal die betont aufgemotzten Gartenrosen können mit ihren Duftwolken mithalten. Mädesüß ist eine

der Leitarten in den traditionell als Stallstreulieferanten genutzten Hochstaudenfluren der Nass- und Feuchtwiesen.

Insbesondere nach dem Trocknen entwickelt die Art einen noch stärkeren süßlich-honigähnlichen Duft mit feiner Mandelnote, der ihr nicht nur den deutschen Namen eingetragen hat. Dieser leitet sich vom mittelhochdeutschen *mada* = Mähwiese ab. Im englischsprachigen Raum nennt man die Pflanze daher „meadowsweet".

Die äußerst ergiebig duftenden Blütenstände nutzt man schon seit langer Zeit zum Aromatisieren von Getränken und Süßspeisen. Auch diente die Pflanze in solchen bäuerlichen Anwesen als zuverlässig alles übertönender Duftlieferant, in denen Mensch und Vieh unter dem gleichen Dach wohnten.

Bemerkenswerte Karriere

Bis vor wenigen Jahren hieß die Art, wie ursprünglich von Carl von Linné (1707–1778) vorgeschlagen, noch *Spiraea ulmaria,* bevor man ihr in der neueren Pflanzenkunde einen von den eigentlichen Spiräen getrennten Platz zugewiesen hat.

Der alte Name ist jedoch Programm: Exakt aus dieser Pflanze wurde erstmals im Jahre 1839 die für den starken Duft mitverantwortliche Verbindung Salicylsäure isoliert, die man damals konsequenterweise Spiraeasäure nannte. Sie ist eine in der Natur nicht allzu häufig vertretene aromatische Carbonsäure und kommt auch in der Rinde vieler heimischer Weide-Arten (Gattung *Salix*) vor.

Die Entdeckungsgeschichte der besonderen pharmakologischen Wirkungen dieser Verbindung als Schmerz- und Fiebermittel könnte ein eigenes Buch füllen. Mehr als ein halbes Jahrhundert später, nämlich 1897, wurde aus dieser interessanten Natursubstanz in Leverkusen durch einen geringfügigen Anbau am Molekül die deutlich magenfreundlichere *A*cetyl-*Spir*aeasäure hergestellt. Deren Teilakronym transportiert bis heute der Name des weltbekannten Medikaments Aspirin.

Margerite

Das Design der Superblumen

Kennen Sie – rein blütentechnisch gesehen – den Unterschied zwischen Körben und Köpfen? Es gibt keinen, aber es gibt einige wichtige begriffliche Ergänzungen. Alle Vertreter der Korbblütengewächse (Asteraceae) liefern eindrucksvolle Beispiele dafür, dass ein vielteiliger und sogar recht komplexer Blütenstand (eben die „Körbe“ oder „Köpfe“ dieser

Pflanzenfamilie) wie eine besonders üppige Einzelblume aussieht. Schaut man sich beispielsweise eine blühende Wiesen-Margerite (*Leucanthemum vulgare*) etwas genauer an, erkennt man außen etwa 20 bis 25 weiße und weibliche Rand- oder Zungenblüten sowie innen bis zu 400 goldgelbe und zwittrige Röhrenblüten.

Auch bei einer Sonnenblume (*Helianthus annuus*) ist bei genauem Hinsehen sofort erkennbar, dass der Blütenkorb (= Blütenstand) aus völlig unterschiedlichen Elementen zusammengesetzt ist, aber in seinem Erscheinungsbild den Gesamteindruck „Lohnende Großblume" erzeugt – und dies natürlich unter Verwendung des ohnehin unglaublich erfolgreichen Zielscheiben-Basisdesigns (mehr dazu auf S. 158). Solche Konstruktionen bezeichnet man als Pseudanthien, also falsche Blüten.

Stufen zum Erfolg

Die Korbblütengewächse stellen wohl das vorläufige Endstadium einer langen Entwicklung zum Großblumen-Design dar. Die heimische Flora bietet uns aber auch Anschauungsobjekte für konstruktive Lösungen, die vorerst einen anderen Weg erproben: Auch bei etlichen Vertretern der Doldenblütengewächse (Apiaceae) werden die vielteiligen Blütenstände mit ihren Hunderten von Einzelkomponenten zu einer gewaltigen Superblume, die ihre Besucher anzieht wie eine einladende Sonnenterrasse.

Sie verwenden dabei einen besonderen Trick – gut zu sehen beim Wiesen-Bärenklau (*Heracleum sphondylium*). Die großblumige Gesamterscheinung kommt hier durch größenverschiedene Elemente der jeweiligen Blütenhüllen zustande. Im Zentrum der weißen Doppeldolden tragen die Einzelblüten nur sehr kleine und kaum auffallende Kronblätter. Bei den Blüten im Randbereich sind sie jedoch stark vergrößert und meist auch noch mehrzipflig. Das ergibt zusammen ein ähnliches Bild wie bei der Sonnenblume. Ein noch eindrucksvolleres Beispiel liefert der als Ackerwildkraut leider nicht mehr so häufig vorkommende Breitsame (*Orlaya grandiflora*).

Die „Blüten" bestehen aus Hunderten einzelner Röhrenblüten.

Moschuskraut

Klein, grün, aber wichtig

Obwohl sie nicht besonders selten ist, haben Sie diese kleine und unauffällige Waldbodenpflanze bislang vermutlich noch gar nicht so recht wahrgenommen. Kein Problem! Meist bewegt sich das Moschuskraut (*Adoxa moschatellina*) in der Wuchshöhen-Größenordnung zwischen fünf und zehn Zentimetern, und das auch noch zu einem Zeitpunkt, wo man draußen noch nicht so sehr gern unterwegs ist. Es erscheint auf nährstoffreichen und etwas feuchten Laubwaldböden zwar bereits im Februar, ist aber spätestens ab Ende Mai meist schon gar nicht mehr zu sehen – eben eine ganz und gar ausgeprägte Waldboden-Frühjahrspflanze, die den Zeitraum zwischen Winterruhe und Neubelaubung der Bäume nutzt. Sie vermehrt sich vegetativ durch erstaunlich lange Erdsprosse (Rhizome).

Der namensgebende Blütenduft ist für die meisten Nasen recht schwach bis gar nicht wahrnehmbar. Weil ohnehin kaum jemand die angebliche Moschus-Duftnote kennt, geht diese in der Literatur notorische Angabe gewöhnlich total unter. Allein deswegen wäre das Moschuskraut aber doch kaum erwähnenswert.

Kuriose Blütenstände

Den Systematiker Carl von Linné (1707–1778) hat diese kleine und eher unscheinbare Pflanze vermutlich in die helle Verzweiflung getrieben: Sein auf der Anzahl der Bauelemente der Blüten aufgebautes künstliches System versagte beim unscheinbaren Moschuskraut nämlich geradezu erbärmlich.

Dessen einfacher Blütenstand ist bewundernswert regelmäßig würfelförmig organisiert. Er besteht immer aus vier seitlichen grünlichen Blüten, die allesamt fünfzählig sind, plus einer zusätzlichen Gipfelblüte, die grundsätzlich nur vierzählig ist. Das passte dem Zahlenfan Linné nun überhaupt nicht in den Kram. Eine wechselnde Zähligkeit der Blütenelemente war zunächst gar nicht vorgesehen.

Vermutlich geht auf dieses Problem auch der von ihm gewählte wissenschaftliche Gattungsname *Adoxa* (die der Lehre Widersprechende) zurück. Der Begriff „*adoxos*" bedeutet im Altgriechischen aber auch unscheinbar und das würde zum Erscheinungsbild der Art ebenso vorzüglich passen.

Späte Neubewertung

Bis vor wenigen Jahren war das Moschuskraut weltweit der einzige Vertreter seiner Gattung und sogar einer eigenen Familie – eben der klassische Fall einer monotypischen Spezies. Dann setzte jedoch alsbald die mit aussagekräftigeren (?) molekularbiologischen Mitteln betriebene Verwandtschaftsforschung der Blütenpflanzen ein, und die kam überraschenderweise zu völlig anderen Ergebnissen. Der bislang unangefochten monotypische Status der Adoxaceae war nach den neueren Forschungsergebnissen einfach nicht mehr zu halten, weil sich nun engste verwandtschaftliche Beziehungen zu vormals gänzlich anderen Gruppen der Blütenpflanzen auftaten.

Für viele klassisch trainierte Pflanzenkundler ist es daher immer noch in erheblichem Maße gewöhnungsbedürftig, dass nunmehr auch traditionell in ganz andere Verwandtschaftsverhältnisse eingeordnete Gattungen wie Holunder (*Sambucus*) oder Schneeball (*Viburnum*) ganz unvermutet bei den Moschuskrautgewächsen (Adoxaceae) rangieren.

Das Moschuskraut erscheint bereits im Februar auf Waldböden.

Die Nachtkerze ist eine klassische Nachtfalterblume.

Nachtkerze

Knistern in der Dämmerung

Möchten Sie einmal eine Blütenöffnung als Hörerlebnis genießen? Dann lauschen Sie mal. Zeitrafferaufnahmen zeigen eindrucksvoll, dass die Öffnung einer zuvor geschlossenen Blütenknospe fast immer nach einer besonderen Choreografie abläuft: Alle beteiligten Blütenorgane, von den Kelchblättern bis zur Narbe des Fruchtknotens, nehmen nach höchst geordneten Abläufen ihre Position in der bestäubungsbereiten Blüte ein.

Leider erstreckt sich die Blütenöffnung bei den meisten Arten über einen längeren Zeitraum. Man müsste also eventuell schon viele Stunden lang im Gartenstuhl neben dem Blumenbeet verharren, um das beeindruckende Manöver genau zu verfolgen. Es geht aber auch anders.

Import aus der Neuen Welt

Aus der Hochgrasprärie des zentralen Nordamerikas wurden spätestens im 18. Jahrhundert mehrere Nachtkerzen-Arten (Gattung *Oenothera*) als Zierpflanzen für die heimischen Gärten eingeführt. Die meisten dieser dekorativen Arten haben allerdings die Gartengrenzen längst hinter sich gelassen und sind heute als Neophyten (Neubürger der heimischen Flora) an Straßenrändern, Bahndämmen, Flussufern und ähnlichen Stellen zu Hause.

Interessanterweise hat sich durch eine spontane Kreuzung der Ausgangsarten *Oenothera biennis* und *O. grandiflora* erst in Europa (wahrscheinlich in Großbritannien) eine Form herausgebildet, die man heute sogar eigenständig als Rotkelchige Nachtkerze (*Oenothera glazioviana*) führt. Sie wird über zwei Meter hoch und ist auch über einen längeren Zeitraum bemerkenswert reichblütig.

Kurzes Vergnügen

Nachtkerzenblüten sind bemerkenswert kurzlebig. Sie öffnen sich erst gegen Abend und hängen bereits am späteren Vormittag des Folgetags erstaunlich schlaff herunter. Mit diesem Blührhythmus sind sie klassische Nachtfalterblumen, werden aber erstaunlicherweise keineswegs vom Nachtkerzenschwärmer (*Proserpinus proserpina*) besucht, weil der schon deutlich vor ihrer Blütezeit fliegt.

Das Aufblühen der Nachtkerze ist wirklich ein Happening: Ausgelöst durch die tieferen Temperaturen der fortgeschrittenen Sommerabende (an sehr warmen Abenden entsprechend später) reißen die anfangs verwachsenen Kelchblätter mit vernehmlichem Knistern auf und setzen die großen, sich entfaltenden Kronblätter innerhalb etwa einer Minute frei – übrigens ebenfalls relativ geräuschvoll. An eher kühlen Sommerabenden lässt sich dieser bemerkenswerte Ablauf mit der wärmenden Hand sogar ein wenig beschleunigen.

Übrigens: Die Pollenkörner dieser Form gehören zu den größten im Pflanzenreich: Ihre Durchmesser erreichen etwas mehr als 0,1 Millimeter und sie sind daher mit bloßem Auge gerade noch erkennbar.

Nelkenwurz

Ein geheimer Code?

Möglicherweise erinnern Sie sich nicht allzu gern an den Mathe-Unterricht Ihrer Schulzeit. Aber auch die Blüten verwenden mathematische Prinzipien. Eine an gänzlich leidenschaftslose Mathematik oder Geometrie erinnernde Ableitung von Bauregeln und Blütengrundrissen könnte zu der Einschätzung verleiten, dass eine Blüte oder Blume lediglich ein recht starres, nach einfachen Prinzipien konstruiertes Gebilde sei. Mathematiker werden aber sogleich einwenden, dass auch von den Objekten ihrer Anschauung eine hohe Faszination ausgeht. Botaniker haben sofort den Hinweis auf die einzigartige Ästhetik der Gesamterscheinung einer Blume auf der Zunge, die sich nicht in einfache Gesetzmäßigkeiten zwingen lässt.

Nun werden Sie aber staunen: Die Verbindung zwischen diesen Sichtweisen ist in gewissen Grenzen dennoch möglich. Die Klammer zwischen mathematischer Methodik und botanischer Begeisterung ist die stille Harmonie, eben die erstaunliche Ausgewogenheit von Formen und Proportionen, die der Betrachter zwar intuitiv spürt, aber oft nicht genau erklären kann.

Versuchen wir es dennoch

Die der Blattpositionierung an der Sprossachse zugrunde liegende Fibonacci-Zahlenreihe (Näheres dazu sowie zu Spiralen und dem Goldenen Schnitt finden Sie bei der Färberkamille auf S. 118) liefert den Schlüssel zur Annäherung an dieses Problem. Wenn man die Spitzen der aufeinander folgenden Blätter einer Blattrosette miteinander verbindet, erhält man eine gleichwinklige oder logarithmische Spirale.

Aber was hat das alles mit den Formen einer Blüte zu tun? Nimmt man eine regelmäßig fünfzählige (pentamere) Blüte, etwa die der Nelkenwurz (*Geum urbanum*), der Brombeere (*Rubus fruticosus*) oder eines anderen beliebigen Vertreters der Rosengewächse, so lässt sich über deren Aufrissbild ganz einfach und mit nur wenigen Geraden ein regelmäßiges Fünfeck (Pentagon) konstruieren, das die Spitzen der Kronblätter einbezieht. Außer bei Blüten ist eine solche Grundfigur nicht allzu häufig, sieht man einmal vom Bauplan der Stachelhäuter ab.

Dieses Fünfeck lässt sich in zehn rechtwinklige Dreiecke zerlegen und für diese gilt immer der Satz des Pythagoras: Die Seiten dieser Dreiecke stehen mit den Proportionen 3:4:5 sogar in einem bemerkenswert glattzah-

Die Blüte ist auch in mathematischer Hinsicht interessant.

ligen Verhältnis zueinander. Der berühmte Satz des Pythagoras (Summe der Kathetenquadrate = Hypothenusenquadrat) geht hier äußerst harmonisch auf, denn 32 + 42 = 52 (9 + 16 = 25).

Noch geheimnisvoller wird es, wenn man den Blütengrundriss in einen regelmäßig fünfzackigen Stern (Pentagramm) einzeichnet. Verblüfft stellt man nun fest, dass sich die Längsseiten dieses Fünfecks in den Proportionen des Goldenen Schnitts überschneiden. Dem entsprechen auch Abmessung und Stellung der Blütenteile. Das Gesamtergebnis wirkt daher – nunmehr nicht mehr so ganz überraschend – außerordentlich harmonisch. Nicht von ungefähr ist gerade das Pentagramm auch bei den immer stark mystisch angehauchten Alchemisten des Mittelalters ein gern verwendetes Geheimzeichen gewesen.

Ragwurz

Und ewig lockt das Weib

Überall, wo wilde Orchideen vorkommen, gibt es auch einzelne Arten, deren Blüten wie die hübsch proportionierten Weibchen bestimmter Wildbienen aussehen. Warum ist das so? Was das Zwischenmenschliche in unserer eigenen Kultur so spürbar beflügelt, ist keineswegs (nur) das Ergebnis der zweifellos spannenden Humanevolution. Eine vergleichbar animative Anmache kommt auch in der übrigen Natur vor. Sie arbeitet hier mit einem besonders bewährten Stilmittel der Übertreibung, nämlich einer attraktiven und offenbar unwiderstehlichen Attrappe. In der heimischen Flora entwickeln die Fliegen- (Foto Seite 2) und die Hummel-Ragwurz solche absolut hinreißenden Hingucker, für die sich die Männchen bestimmter Bienenarten begeistern.

Die Bienen-Ragwurz imitiert – na was wohl?

Optisch und geruchlich betört, halten sie die schmucken Orchideenblüten tatsächlich für Paarungspartnerinnen. Dabei passt aber auch wirklich alles: Größe, Umriss und Behaarung sind bereits überaus erstaunliche Anpassungen der Ragwurz-Blüten, aber noch faszinierender ist, dass sie zusätzlich antörnende Düfte verströmen, die den arttypischen Sexuallockstoffen der angelockten Wildbienen raffiniert nachempfunden sind.

Die angelockten Bienenmännchen sind dadurch solchermaßen beglückt, dass sie auf der Blüte heftige Paarungsversuche unternehmen. Die Ragwurz-Blüte nimmt die Zudringlichkeiten reichlich gelassen hin und klebt ihrem Besucher bei der hitzigen Aktion lediglich ihre beiden Pollenpaketchen an den Kopf. Nach aussichtslosen Minuten heben die leicht frustrierten Bienenmännchen von der perfekten Attrappe ab, um ein paar Augenblicke später erneut den Reizen einer unbestäubten Schönen (Blüte) zu erliegen.

Ein ganzer Trupp potenzieller Partnerinnen.

Die Blüten verändern die Farbe.

Rosskastanie

Und zuletzt die Rote Karte

Das wird Sie vermutlich nicht überraschen: Viele Blüten betreiben eine erstaunlich hilfreiche und auch bemerkenswert wirksame Besucherlenkung. Die anfliegenden potenziellen Bestäuber sollen möglichst zielgenau in das Blütenzentrum geführt werden und hier die wechselseitige Pollenbeladung erledigen. Dazu dienen vor allem visuelle Signale – beispielsweise eine gegenüber dem Außenbereich einer Blütenkrone andersfarbig ausgestattete Kronenmitte.

Christian Konrad Sprengel bezeichnete diese Signale als Saftmale, wie auch auf Seite 159 zu lesen ist. Heute spricht man eher von Farbmalen. Diese Kontrastfärbung ist bei erstaunlich vielen Blüten auch in der heimischen Flora absoluter Standard.

Planmäßiger Farbwechsel

Bei vielen Arten sind die Farbmale keine unveränderlichen Signale. Bei der Rosskastanie (*Aesculus hippocastanum*) zeigen sich die frisch geöffneten Blüten in der Mitte mit kräftig chromgelbem Farbmal. Nach einer erfolgreichen Bestäubung und damit nach der Ausbeutung des Nahrungsangebots färbt es sich über Orange nach Tiefrot um. Damit verliert die Blüte auch ihre Fähigkeit, UV-Licht zu reflektieren.

Sobald die Rosskastanienblüte für unsere Augen die Rote Karte zeigt, ist sie für die rotblinden, aber UV-tüchtigen Hautflügler (vor allem Bienen) schlicht uninteressant und wird folglich auch nicht mehr angeflogen. Ähnliche Farbumbauten findet man in den attraktiven Blüten der Trompetenbäume (*Catalpa* spp.) sowie bei vielen Wildrosen.

Salbei

Die Blüte mit dem Schlagbaum

Sind Sie auf der Suche nach einem besonders verblüffenden Beispiel von Form- und Funktionsentsprechung? Kaum zu toppen ist der attraktive heimische Wiesen-Salbei. Die großen, seitlich etwas zusammengedrückten Kronen des Wiesen-Salbeis (*Salvia pratensis*) sind familientypisch zweilippig gestaltet. Die breite Unterlippe ragt fast waagerecht nach vorn und bietet anfliegenden Hummeln somit einen bequemen Lande- und Sitzplatz. Die Oberlippe der Blüte ist dagegen elegant bogig gewölbt und besteht aus zwei miteinander verwachsenen Kronblättern. In deren Rinne liegen der lange Griffel und zwei besonders gestaltete Staubblätter: Das kurze Staubblattstielchen ist mit der Krone verwachsen.

Die Blüte des Wiesen-Salbeis wartet auf Hummeln.

Jetzt kommen die Besonderheiten

Das Zwischenstück, das die beiden Theken (ein Staubbeutel enthält zwei Theken und jede Theke umfasst zwei Pollensäcke) eines Staubblatts miteinander verbindet, ist zu einem langen, gebogenen Hebelarm ausgezogen. Was wie ein kompletter Staubbeutel aussieht, ist tatsächlich nur eine der beiden Theken mit zwei Pollensäcken. Die andere Theka ist zu einer Platte verbreitert, die mit der benachbarten Platte des anderen Staubblatts verwachsen ist. Die Befestigungsstelle des verlängerten Zwischenstücks am Staubblattstielchen ist gelenkig und weitgehend frei drehbar.

Der kleine Plattenbau versperrt zunächst den Zugang zur Kronröhre mit dem Nektar. Wenn eine besuchende Hummel das Nektarangebot auszubeuten versucht, drückt sie mit ihrem Kopf gegen die Doppelplatte, die schließlich nachgibt und nach Art eines Hebels den längeren Arm um etwa 50 Grad nach vorn dreht. Wie ein Schlagbaum fahren somit die beiden Staubbeutelanteile herunter und streifen dabei eine gehörige Pollenportion auf dem Rücken des Besuchers ab.

Geregelte Betriebsbereitschaft

Die am langen Griffel sitzende Narbe ist allerdings vorerst noch nicht empfangsbereit. Erst in älteren Blüten, die ihren Pollen quantitativ abgegeben haben, streckt sich der Griffel und bringt die nunmehr vergrößerte und belegbare Narbe exakt in den Bereich, im dem zuvor die Staubbeutel ihre Pollenauftragung erledigt haben.

Eine Hummel, die pollenbeladen aus der jüngeren Salbei-Blüte einer Nachbarpflanze einfliegt, streift nun fast automatisch und unvermeidbar ihre Pollenfracht am Zielorgan Narbe ab. Diesen immer wieder frappierenden Gesamtablauf kann man übrigens mit einem spitzen Grashalm auslösen, den man vorsichtig in den Kronenschlund einführt.

Außer beim heimischen Wiesen-Salbei ist dieser ausgefallene Mechanismus noch bei der im südlichen Mitteleuropa verbreiteten Waldpflanze Klebriger Salbei (*Salvia glutinosa*) entwickelt. Beim gartenüblichen Gewürz-Salbei (*Salvia officinalis*) oder weiteren Arten funktionieren die Blüten ganz anders.

Die Primelblüten gibt es in verschiedenen Ausführungen.

Schlüsselblume

Zweierlei Schaufensterauslagen

Aus genetischen Gründen ist eine Fremdbestäubung gegenüber der Notfall-Lösung Selbstbestäubung immer vorteilhafter. Dazu gibt es viele Möglichkeiten. Die Sicherstellung einer Fremdbestäubung operiert mit vielen verschiedenen Tricks. Einen besonders raffinierten zeigen die heimischen Primel-Arten (*Primula* spp.), darunter recht eindrucksvoll die im Frühjahr in vielen Farbvarianten gehandelten Abkömmlinge der Stängellosen Schlüsselblume (*Primula acaulis*). Hier müssten Sie unbedingt einmal ganz genau hinschauen: Die hübschen Blüten gibt es – unabhängig von der Blütenfarbe – in zwei verschiedenen Bauvarianten.

Entweder sind die Staubblätter lang gestielt und die Griffel sehr kurz oder umgekehrt. Im engröhrigen Blüteneingang der bunten Primel-Hybriden erkennen Sie also entweder die Spitzen der fünf Staubbeutel oder die hellgelbe, scheibenförmige Narbe. Eine erfolgreiche Pollenübertragung ist nur zwischen Individuen möglich, die hinsichtlich ihrer Staubblattstielchen und Griffel jeweils längengleich sind.

Das regeln auf recht komplizierte Weise besondere Gene und ihre Kontrollmechanismen in der Narbe. Heterostylie (genauer: Diheterostylie) nennt man dieses ausgeklügelte Arrangement. Manchmal wird es auch einfach als Heteromorphie bezeichnet. Bei dem an Gewässerrändern häufigen Blutweiderich (*Lythrum salicaria*) kommen sogar drei verschiedene Griffel- beziehungsweise Staubblattlängen vor – er ist demnach also triheterostyl.

Schneeglöckchen speichern ihre Reserven in Zwiebeln.

Schneeglöckchen

Ein klassischer Frühstart

Waldbodenpflanzen blühen sehr früh im Jahr. Um das hinzubekommen, müssen sie gut vorbereitet sein. Viele nehmen sie (leider) nur eher so nebenbei zur Kenntnis. Dabei sind die Frühblüher in Natur und Garten gewiss ein Grund, zum Thema „spezielle Lebensstrategien bei den Pflanzen“ zumindest ein wenig nachdenklich zu werden. Achten Sie doch einmal auf den Blühbeginn der Schneeglöckchen in Ihrem oder in Nachbars Vorgarten: Je nach Witterungsverlauf und Region zeigen sich die ersten Blüten schon zu Weihnachten – und sie sind zu Ostern immer noch aktiv.

Lang bevor sich das Kronendach der Bäume belaubt, breiten sich auf dem Waldboden üppigste Blütenteppiche aus: Gelbe und Busch-Windröschen (Foto Seite 102), Leberblümchen, Märzenbecher und viele mehr. Zu diesem Zeitpunkt herrscht in den angrenzenden Wiesen und Feldern praktisch noch tiefe Winterruhe. Der typisch mitteleuropäische Laubwald erfährt seinen Blühhöhepunkt also geraume Zeit vor dem Laubaustrieb.

Die vor der Saison blühenden Waldbodenpflanzen sind allesamt ökologische Spezialisten. Sie haben sich auf einen Zeitraum eingerichtet, in dem es einerseits nicht mehr allzu kalt, aber auch noch nicht zu dunkel ist. Sobald sich nämlich die winterkahlen Bäume im noch wärmeren Frühjahr belauben, geht für die Waldbodenpflanzen der Sargdeckel zu – der Waldboden empfängt nur noch einen Bruchteil des Strahlungsangebots, das auf die Oberseiten der Baumkronen trifft, und versinkt wieder im Halbdunkel.

Nur solange die Frühjahrssonne durch die noch kahlen Baumkronen scheint, erwärmt sich der meist dunkle Waldboden rascher als der Luftraum darüber, sodass hier Tagestemperaturen bis etwa 20 °C keine Ausnahme sind. In erstaunlich kurzer Zeit nutzen die Waldbodenpflanzen diese Starthilfe.

Starthilfe von den Unterirdischen

Alle Waldbodenpflanzen besitzen unterirdische Speicherorgane mit beträchtlichen Stoffreserven, mit denen sie die ungünstige Jahreszeit ohne oberirdische Teile überdauern. Solche Lebensformen nennt man Geophyten. Diese früh blühende Artengruppe des Waldbodens kann ans Eingemachte gehen und die im Vorjahr eingelagerten Vorräte direkt nutzen.

Märzenbecher, Schneeglöckchen, Goldstern und Bärlauch verwenden als Reserveorgan Zwiebeln, also gestauchte Sprossachsen mit dicken Speicherblättern. Leberblümchen, Busch-Windröschen und Maiglöckchen besitzen dagegen dicke Rhizome (= Wurzelstöcke). Die Lerchensporn-Arten sind mit Sprossknollen ausgestattet. Beim Scharbockskraut dienen verdickte Wurzelknollen als Speicherorgan.

Viele Waldboden-Geophyten haben wegen ihres sehr frühen Blühtermins als Zierpflanzen Eingang in die Gärten gefunden. Neben dem Schneeglöckchen (*Galanthus nivalis*) nicht selten auch weitere Arten aus biogeografisch anderen Regionen) auch Märzenbecher, Leberblümchen, Winterling, Hasenglöckchen und Traubenhyazinthe. Die Wildformen der Krokusse, Tulpen oder Hyazinthen stammen mehrheitlich aus süd(ost)europäischen oder asiatischen Offenlandbiotopen und sind ökologisch vergleichbar eingerichtet, denn sie schließen ihren Entwicklungszyklus vor der artenreichen und oft sehr hochwüchsigen Staudenkonkurrenz des gleichen Standorts ab.

Leberblümchen nutzen Rhizome als Speicher.

Schwalbenwurz

Die Blüte mit den Fußangeln

Eigentlich sieht die kleine cremeweiße Blüte der Schwalbenwurz recht einfach und harmlos aus. Der Eindruck täuscht jedoch. Bei genauerer Betrachtung zeigt die Schwalbenwurz-Blüte einen recht komplizierten Aufbau: Besondere Staubblattanhängsel sind zu einem fünfspaltigen Ring verwachsen. Zwischen je zwei Staubbeuteln sitzt ein Klemmkörper. Wenn Insekten (meist Schweb- und gewöhnliche Fliegen) den Nektar absammeln, geraten sie mit den Füßen in die Klemmkörper und werden dort festgehalten. Beim Versuch, den Fuß wieder frei zu bekommen, ziehen sie zwangsläufig die beiden benachbarten Pollenmassen als Ensemble heraus. Konnten sie sich befreien, verschleppen sie das Pollenpaket zur nächsten Blüte.

Angeblich hat man mit der Schwalbenwurz Hunde vergiftet.

Seltsamerweise heißt die Schwalbenwurz, die es so heimtückisch auf die Übertölpelung ihrer Blütengäste abgesehen hat, auch Hundswürger. Tatsächlich enthält die Art Giftstoffe, die zu Atemlähmungen führen. Aus Namibia liegen Berichte vor, wonach sich an einer verwandten Art sogar Elefanten vergiftet haben. Aber was bringt einen Hund dazu, von dieser extrem bitter schmeckenden Pflanze zu naschen? In Süddeutschland erzählt man sich, dass Diebe mit solchermaßen vergifteten Ködern die wachsamen Hofhunde ruhigstellten.

Heute zählt man die heimische Schwalbenwurz zur Familie Hundsgiftgewächse (Apocynaceae), deren zahlreiche Arten überwiegend tropisch verbreitet sind. Auch der stark giftige Oleander gehört dazu. Die für den Namen verantwortliche, in Nordamerika beheimatete Gattung *Apocynum* heißt – wörtlich übersetzt – „Hundescheuche“. Dabei bleibt allerdings rätselhaft, wie man in diesem Fall auf den Hund kam.

Wie viele Blumen sind es denn nun?

Schwertlilie

Eine Blüte, aber drei Blumen

Fragen Sie mal in Ihrem Bekanntenkreis nach: Ist die rote Rose eine Blüte oder eine Blume? In dieser Frage unterscheiden sich der bürgerliche und der botanische Begriff. Zugegeben: Eine Rose erwirbt man im Blumen- und nicht im Blütengeschäft. Aber wo liegen die Unterschiede? Eine Blüte ist durch ihren *Aufbau* definiert. Sie besteht aus verschiedenen Blattorganen mit jeweils spezieller Aufgabe: Staub- und Fruchtblätter, Kron- und Kelchblätter. Die Definition der Blume bezieht sich jedoch auf die *Funktion* des Gebildes. Der entscheidende Schlüsselprozess in der Bedeutung der Blume ist die Bestäubung, sie muss also auch Bestäuber anlocken. In vielen Fällen lassen sich Aufbau und Funktion kaum voneinander trennen, wie eben bei Rose oder Tulpe: hier ist Blüte gleich Blume.

Eine Sonnenblume dagegen besteht aus zahlreichen kleinen Röhren- und vielen randlichen Zungen*blüten*. Jede Röhrenblüte stellt die *Struktureinheit* der Bestäubung dar, aber die Sonnen*blume* insgesamt deren *Funktionseinheit*.

Es geht aber auch anders: Bei der Schwertlilie (*Iris*) besteht eine Blüte aus drei Teilen. Jeder Teil lockt unabhängig von den anderen Bestäuber an und ist damit eine eigene Blume. Eine Iris-Blüte umfasst also drei klar getrennte Blumen mit jeweils separatem Eingang für die Blütenbesucher. Eine derartige Blume, die Teil einer Blüte ist, nennt man Meranthium. Dieser Fall ist in der heimischen Natur nur selten vertreten.

Stiefmütterchen

Immer schön auf die Linie achten

Die Empfehlung in der Überschrift ist Ihnen vermutlich aus ganz anderem Zusammenhang bekannt, aber sie gilt auch für Blüten. Mit viel Farbe und sonstiger auffälliger Aufmachung signalisieren Blüten ihren tierischen Besuchern, dass sich der Aus- und Anflug lohnt: Entweder gibt es Hochprozentiges in Form einer konzentrierten Zuckerlösung oder die zahlreichen Staubblätter bieten den Blütengästen nahrhaften Pollen als Knabberzeug an. Nun sollen die hungrigen Besucher die Quellen der Erquickung in der Blüte aber möglichst rasch finden und nicht umständlich nach dem Blüteneingang suchen müssen. Dafür haben die Blüten ein hochwirksames Zielscheiben-Design entwickelt (Näheres dazu auf S. 158).

Farblich abgehobene Ringsektoren auf den Kronblättern mit abweichender kontrastreicher Farb- und Formgebung sind sicherlich eine der wirksamen Möglichkeiten, Blicke zu lenken und ein anfliegendes Insekt genau ins Ziel zu führen. Exakt diesem Zweck dienen auch die fallweise zarter oder kräftiger ausgeführten Strichmuster auf den Kronblättern. Bezeichnenderweise laufen diese Striche nicht beliebig oder gar in konzentrischen Kreisen, sondern wie die Radspeichen zur Nabe immer streng radial ausgerichtet auf die Blütenmitte zu. Selbst wenn eine Blüte gar nicht sternförmig aufgebaut ist, sondern beispielsweise ein höchst bizarres Gebilde mit medianer Spiegelungsachse darstellt, helfen deutliche Strich-

Die Linien führen direkt zum Zentrum.

und Linienmuster an den seitlichen Blütenblättern bei der raschen Orientierung zur Mitte.

Solche Strichmuster auf den Kronblättern kommen häufig durch eine besondere Farbstoffbeladung der Zellen über den Leitbündeln („Blattnerven“) der Kronblätter zustande. Sie können aber auch nur aus lang gestreckten Zellgruppen in den Feldern zwischen den Kronblatt-Leitbahnen bestehen. In jedem Fall werden sie damit zu äußerst hilfreichen Wegweisern, die dem Besucherinsekt das Blütenzentrum ohne Umschweife anzupeilen helfen.

Ein fast universelles Signal

Wegweisende Blütenmuster treten mehrfach in ganz verschiedenen Familien auf. Man findet sie beispielsweise beim Wilden Stiefmütterchen (*Viola tricolor*, Veilchengewächse), aber ebenso bei den Ehrenpreis-Arten (*Veronica* spp., Wegerichgewächse) und natürlich bei vielen Orchideen. Einem die Blüten besuchenden Insekt mag es im Grunde nicht viel anders ergehen als einem Natur- und Gartenfreund: Beide sehen sich bei den attraktiven Blüten einer unglaublichen Fülle verschiedener Gestalttypen mit vielfältiger Abwandlung gegenüber.

Solche Vielfalt müsste eigentlich frustrieren, gäbe es da nicht die zuverlässigen optischen Signalstrukturen, die bei aller bestehenden Varianz des Erscheinungsbilds immer wieder die wesentlichen Grundzüge des gemeinsamen Blütenbauplans aufnehmen. Es genügt also im Zweifelsfall jeweils, besonders auf die Linie zu achten, um trotz aufwendig gestalteter Blütenumrisse und verschiedener Abmessungen der Blütenhülle dennoch ohne Umschweife das Proviantangebot im Blütenzentrum zu treffen.

Auch die Ehrenpreis-Arten bieten einen Wegweiser.

Topinambur

Ein Hauch von Confiserie

Bei Düften denkt man natürlich an Rosen, aber auch für ihre Knollen bekannte Gewächse können ihren Reiz haben. Mit amüsanten Geschichten über pflanzliche Düfte könnte man ganze Bände füllen. Allein die verschiedenen aus Pflanzen(teilen) gewonnenen Parfumöle haben die europäische Kulturhistorie in geradezu unglaublicher Weise beeinflusst. Ätherische Öle (so genannt, weil sie extrem leicht in den Luftraum entweichen und dort sozusagen unaufhaltsam verduften) gibt es in besonderen Sekretbehältern an Stängeln und Blättern, gelegentlich auch in den Früchten und nicht selten in den Wurzeln. Eine frisch angeschnittene Möhre duftet eben charakteristisch nach Möhre.

Blüten sind als Duftquelle natürlich besonders angesehen. Dieser Sachverhalt begründet die Beliebtheit der Edelrosen, die zwar für Auge und Nase etwas hergeben, aber mit ihren aufgemotzten gefüllten Blüten ökologisch völlig nutzlos sind. Manche Blüten strapazieren unsere Nasen aber auch ziemlich stark – wenn sie, wie etwa im Fall der Weißdorn-Arten mit ihrer reichlichen Produktion von Trimethylamin – Pardon! – erbärmlich nach vergammelndem Fisch stinken. Andererseits bietet die Duftpalette der Pflanzen aber auch einige Überraschungen: Die relativ seltene heimische Sand-Strohblume (*Helichrysum arenarium*) duftet intensiv nach Curry.

Die zarteste Versuchung ...

Die auch als Erdbirne oder Indianerkartoffel bezeichnete Knollen-Sonnenblume (*Helianthus tuberosus*) stammt aus den Prärien Nordamerikas. Ihr deutscher Name Topinambur leitet sich von den indigenen Tupinambá ab. Seit dem 17. Jahrhundert wird die Art vor allem in Süddeutschland auf Sandböden kultiviert, aber durch Verschwemmung der essbaren spindelförmigen Knollen ist sie entlang des Rheins und seiner größeren Nebenflüsse (vor allem der Mosel) in den Auenbereichen zum fest etablierten Neubürger (Neophyt) geworden.

Auch nach dem Unterbleiben des menschlichen Einflusses dürfte sie eine Komponente der heimischen Flora bleiben. Daher ist sie nicht nur ein Neophyt, sondern auch ein Agriophyt. Die Knollen enthalten übrigens das nur aus Fruchtzucker-Einheiten aufgebaute Inulin und nur ganz wenig freie Fruktose. Sie sind deswegen vor allem für Diabetiker von Bedeutung.

Die Verwandtschaft zur Sonnenblume ist nicht zu verleugnen.

Die vielen verbreitungsgeschichtlichen Sachverhalte und kulinarisch bemerkenswerten Aspekte verschweigen aber notorisch eine durchaus erwähnenswerte, weil in der heimischen Flora so einzigartig bestehende Eigenschaft. Die hübschen Blütenköpfe der schmucken und erst recht spät im Sommer blühenden Knollen-Sonnenblume duften ganz eindeutig und ziemlich intensiv – sowie völlig unerwartet – nach Kakao beziehungsweise Schokolade. Diesen bemerkenswerten Sachverhalt kennen nicht einmal die meisten Gartenbesitzer, die die doch recht bemerkenswerte Pflanze gleich hinter ihrem Gartenzaun wachsen lassen. Gehen Sie doch unbedingt mal ganz nah heran und klären Sie Ihr Umfeld entsprechend auf …

Vergissmeinnicht

Ab in die Mitte

Mit ihrer Farbigkeit und Formenfülle betreiben bunte Blumen einen enormen Werbeaufwand. Ihr auffälliges Design ist ein klares Signal an die begehrten Bestäubertiere. Allein ein heftiger Farbklecks auf beliebig neutralgrünem Hintergrund macht einen potenziellen Blütenbesucher kaum neugierig. Die Gesamterscheinung einer Blüte ist bei genauerem Hinsehen deswegen kein einfacher Blickfang. Blüten versorgen ihre erwünschten Besucher nämlich gerade im visuellen Bereich mit nützlichen Zusatzinformationen. Anstelle eines nur plakativ wirkenden Farbflecks zeigen fast alle Blüten spezielle Muster, die besondere Signalfunktionen übernehmen.

Wer durstig oder hungrig des Weges kommt und ein Gasthaus ansteuert, möchte natürlich nicht lang nach dem Eingang suchen müssen. Diese Minimalinformation bietet fast jede Blüte dem anfliegenden Insekt. Eine äußerst wirksame Landehilfe ist dabei vor allem die unterschiedliche Ausfärbung von Blütenzentrum und Blütenrand. Nahezu alle insektenbestäubten Blüten färben ihre für die Besucher interessante Mitte entweder deutlich heller oder wesentlich dunkler aus als die Randbereiche.

Beispiele dieser radförmigen Blütenkonstruktionen sind unter anderem Gauchheil, Leberblümchen, Malven, Rosen und Storchschnabel. Von den zweiseitig symmetrischen Blütenmodellen wären die Ehrenpreis-Arten, Fingerhut, Rittersporn, Veilchen und Vogel-Wicke zu nennen. Was man so bei vielen heimischen Wildpflanzen beobachten kann, gilt natürlich auch bei Garten- und Zierpflanzen.

Genaue Anweisung für den Nahbereich

Gelenkt über das Kontrastprogramm wird das anfliegende Insekt zuverlässig und immer zielgenau in das Blütenzentrum geführt, wo sich üblicherweise der Zugang zu den sich offen oder verborgen präsentierten Nektarvorräten

Die Kontrastfärbung weist dem Besucher den Weg.

sowie zum Pollenangebot befindet. Während also die Gesamtblüte oder auch ein ganzer Blütenstand mit ihrer enormen Farbigkeit eher eine Art Leuchtreklame mit heftiger Fernwirkung betreiben, dienen die genaueren Blütenmuster jeweils der Feinnavigation ihrer Besucher.

Auch der Gauchheil zeigt farblich, wo es lang geht.

Farbkontraste zwischen innen und außen bzw. Mitte und Rand sind dazu ein außerordentlich wirksames Mittel, wie schon allein der kritische Selbstversuch bestätigt: Fast selbstverständlich werden auch unsere Blicke zuverlässig zum andersfarbigen geometrischen Mittelpunkt einer Blüte hingezogen, wie etwa die besonders farbintensiven Primel-Hybriden oder das bunte Sortenbild der Stiefmütterchen zeigen.

Blüten in ganz neuem Licht

Der Spandauer Gymnasiallehrer Christian Konrad Sprengel (1750–1816) lieferte mit seinem 1793 in Berlin erschienenen Werk „Das entdeckte Geheimnis der Natur im Bau und in der Befruchtung der Blumen“ erstmals ein auf vergleichender Beobachtung beruhendes Grundlagenwerk. Sprengel war studierter Theologe und Philologe. Erst auf Anregung eines befreundeten Arztes konnte er sich für die Botanik begeistern.

Dieser höchst originelle Forscher öffnete mit den Ergebnissen seiner Wanderungen durch die Mark Brandenburg der wissenschaftlichen Botanik schlagartig ein ganz neues Feld, indem er erstmals Strukturen und Funktionen der Blüten genauer beobachtete. Kern seiner vielen Entdeckungen war die erstaunlicherweise bis dahin so überhaupt nicht wahrgenommene Tatsache, dass zwischen Blumen und Insekten ein äußerst raffiniertes Beziehungsgefüge besteht. Sprengel begründete also mit seinen Beschreibungen die Blütenökologie, lange bevor es diesen Begriff gab.

Bis auf wenige Deutungen sind seine Feststellungen und Folgerungen auch aus heutiger Sicht zutreffend. Zu seinen fundamentalen Kernaussagen gehört auch, dass die Blüten ihr für die Besucherinsekten interessantes Zentrum besonders kontrastreich ausfärben. Er nannte diese Region der Blütenkrone Saftmal. Heute verwenden wir eher den Begriff Farbmal. Entdeckt und beschrieben hat er ihn am Beispiel des eher unauffälligen Vergissmeinnichts.

Im Botanischen Garten in Berlin-Dahlem hat man dem genialen Amateur-Forscher Sprengel zu Recht einen ehrenden Gedenkstein aufgestellt.

Weidenröschen

Ein wenig Verhütungsbiologie

Dass Selbstbestäubung für eine Pflanze nicht ideal ist, ist bereits erwähnt worden. Um sie zu vermeiden, gibt es verschiedene Mechanismen. Bereits Charles Darwin (1809–1882) war als grundlegendes Ergebnis seiner viele Jahre lang betriebenen blütenbiologischen Untersuchungen absolut klar, dass die Selbstbestäubung mit anschließender Selbstbefruchtung fast immer die Ausnahme ist und von den Blüten allenfalls in der Phase der Torschlusspanik praktiziert wird, wenn aus irgendwelchen Gründen ein Bestäuber ausblieb. Folglich muss es Mechanismen geben, die den illegitim kurzen Weg von den Staubbeuteln zur Narbe der eigenen (Zwitter-)Blüte wirksam unterbinden. Die Natur hat hierzu verschiedene Möglichkeiten entwickelt und optimiert.

Zweierlei Konvente

Das sicherste Mittel ist die zuverlässige räumliche Trennung. Zweihäusige Arten mit eingeschlechtigen Blüten sind bei den windbestäubten Arten relativ häufig, bei den tierbestäubten aber eher selten. Das Verfahren der Eingeschlechtigkeit (oft mit jeweils unterdrücktem anderem Geschlecht – männliche Blüten weisen einen nicht funktionierenden Fruchtknoten auf und umgekehrt) findet sich beispielsweise bei den Lichtnelken (*Silene* spp.). Außer den klassischen Fällen der Ein- und Zweihäusigkeit überrascht die heimische Flora mit einer ganzen Reihe weiterer Verteilungsmöglichkeiten.

Genauer Einsatzplan

Mindestens so zuverlässig bleibt eine Selbstbestäubung ausgeschlossen, wenn die männlichen und die weiblichen Funktionsbereiche einer Zwitterblüte zu unterschiedlichen Zeitpunkten heranreifen. Dichogamie nennt die Fachsprache dieses erfolgreiche Verfahren.

Sogar ohne Lupe kann man das an den Blüten des häufigen Schmalblättrigen Weidenröschens (*Epilobium angustifolium*) beobachten. Ihr Reifeablauf entspricht praktisch einer Zweihäusigkeit – die betreffenden Blüten sind im Prinzip sogar transsexuell. Wenn die Staubbeutel aufbrechen und

Die Weidenröschen-Blüte ist zuerst männlich.

ihre Pollenfracht präsentieren, ist die Blüte funktionell männlich. Zu diesem Zeitpunkt sind die Narben noch fest verschlossen und gänzlich außer Betrieb, sodass keine Pollenübertragung im eigenen Bereich möglich ist.

Erst nach ein paar Tagen ändert sich das Bild: Die ausgeleerten Staubbeutel sind nunmehr abgefallen oder hängen schlaff herab und erst jetzt kommen die Narbenlappen zum Einsatz. Sie strecken sich und nehmen dann den Pollen von anderen Individuen gern entgegen.

Dieses raffinierte Verfahren, bei der die männliche Phase der weiblichen voraneilt und die Zwitterblüte folglich proterandrisch (vormännig) arbeitet, findet man auch bei den Storchschnabel-Arten (*Geranium* spp.) sowie bei den Malven (*Malva* spp.). Vorweibigkeit (Protogynie) mit umgekehrter Abfolge der Dienstzeiten kommt ebenfalls vor, beispielsweise bei der Nelkenwurz (*Geum urbanum*). Sie ist aber deutlich seltener.

Faszinierendes zu Früchten und Samen

Blütenpflanzen bilden Mengen von Samen aus, die oft in hübschen Früchten verpackt sind. Die Unterschiede sind mitunter nicht klar zu erkennen: Die Frucht geht aus dem Fruchtknoten hervor, der Samen aus den darin eingeschlossenen Samenanlagen. Manchmal verwächst die Samenschale allerdings mit der Fruchtwand – ein Weizenkorn ist zum Beispiel Frucht und Samenkorn zugleich. Einige Sonderleistungen zur Verbreitung der Samen stellt dieses abschließende Kapitel vor.

Ahornsamen schrauben sich wie ein Propeller zu Boden.

Ahorn

Ein Vorbild für Propeller

Baumfrüchte können auf verschiedene Weise ausgebreitet werden. Eins der am häufigsten eingesetzten Transportmittel ist die bewegte Luft, einfacher ausgedrückt der Wind. Um zu fliegen, müssen die Früchte leicht sein, aber auch ein Flugorgan besitzen. Dieses ist entweder nach dem Prinzip einer Tragfläche oder eines Propellers gestaltet. Bei den häufigen heimischen Ahorn-Arten bilden die beiden zunächst noch zusammenhängenden Spaltfrüchte einen arttypischen Winkel. Dabei handelt es sich bei der Spaltfrucht um zwei spiegelsymmetrisch zueinander angeordnete einsamige Nüsse mit anhängendem, elegant geschwungenem Flügel. Vereinfacht kann man sie als Samen bezeichnen.

In der Reife trennen sich die beiden Nussfrüchte leicht voneinander, sodass der Herbstwind sie einzeln erfassen kann. Nach dem Ablösen vom Fruchtstiel trudeln sie zunächst ein wenig nach unten und beginnen nach etwa 30 Zentimeter freiem Fall mit einer geordneten Rotation bei stark verminderter Sinkgeschwindigkeit. Rotationszentrum ist die Nuss mit dem Samen.

Naturwissenschaftler suchen oft nach Antworten auf Fragen, die niemand gestellt hat. An diesem Prozess könnten Sie teilhaben und eine kleine Versuchsserie starten. Es besteht nämlich das spannende Problem, ob die beiden Teile des Spaltfruchtpaares sich jeweils in die gleiche Richtung (im Uhrzeigersinn oder nicht?) drehen, jede Komponente eine festgelegte eigene Drehrichtung aufweist oder eventuell völlig beliebig rotiert.

Kleiner Tipp: Achten Sie darauf, in welche Richtung vor dem Start die verstärkte Vorderkante des Fruchtflügels weist – zu Ihnen hin oder von Ihnen weg. Probieren Sie es im nächsten Herbst einmal aus ...

Apfel

Hängen oder stehen sie?

Die würden Sie womöglich auch so darstellen: Wo immer Abbildungen von Äpfeln (oder auch Birnen) als Deko-Elemente verwendet werden, zeigt man sie mit dem Fruchtstiel nach oben. Mit der üblichen Darstellung der Früchte unterstellt man, dass sie vom Beginn ihres Reifeprozesses bis zum Zeitpunkt der Ernte tatsächlich am Zweig hängen. Die meisten Befragten halten diese Position für die natürliche. Testen Sie das mal in Ihrem Umfeld aus. Wäre übrigens auch ein nettes Sujet für eine Wette ...

Diese verbreitete Voreinschätzung ist aus botanischer Sicht jedoch fragwürdig. Doch der Reihe nach: Der Apfelbaum gehört zu den Rosengewächsen und innerhalb dieser großen Verwandtschaft in die Unterfamilie Apfelartige. Weitere Unterfamilienmitglieder sind auch der Birn- und der Quittenbaum. Für diese Arten ist charakteristisch, dass der Blütenboden (daran sitzen alle Blütenblätter) tief in die Blütenachse (Blütenstiel) einge-

Apfelblüten und junge Früchte stehen aufrecht.

Erst später macht sich die Schwerkraft bemerkbar.

senkt ist. Und kein Zweifel: Die Apfelblüte steht auf ihrem Blütenstiel genauso steif aufrecht wie eine Rose oder ist, weil sich viele einzelne Apfelblüten in einem doldigen Blütenstand zusammendrängen, allenfalls ein wenig zur Seite geneigt.

Nun wird es spannend

Der essbare Hauptteil des knackigen Apfels entwickelt sich eigenartigerweise aus dem Achsengewebe im oberen Teil des Blütenstiels. Bei den meisten anderen Pflanzenarten läuft das ganz anders. Hier schwillt der Fruchtknoten während des Reifeprozesses zur Frucht an, so etwa bei Johannisbeere, Kirsche und Pfirsich.

Weil sich das Fruchtfleisch nun ausnahmsweise nicht aus dem Fruchtknoten, sondern aus der Blütenachse entwickelt, ist der Apfel tatsächlich eine Scheinfrucht. Die eigentliche Frucht liegt als Kerngehäuse tief im Apfelinneren, in dem mehrere pergamentartig ausgesteifte Fruchtblätter verwachsen sind. Oft wird es mit Resten des abgebissenen Fruchtfleisches in die Landschaft entsorgt. Das erklärt dann die vielen „wilden" Apfelbäume an Spazier- und Wanderwegen.

Und wie steht es jetzt um die Orientierung eines Apfels am Zweig? Der Blick in einen frühsommerlichen Apfelgarten schafft sofort Klarheit: Natürlich behalten auch die (jungen) Apfelfrüchte die Position bei, welche die Blüten eingenommen hatten. Weil der reife Apfel an seinem – oberen – Ende immer noch die Kelchblattreste und oft auch einige vertrocknete Staublätter aufweist, ist die Richtung absolut eindeutig vorgegeben.

Apfel

Hilfe für Zurückgebliebene

Entlocken wir den leckeren Äpfeln noch eines ihrer kleinen Geheimnisse. Diesmal geht es um das Reifen der Früchte. Mit der Information aus diesem Textteil können Sie einen spannenden Versuch in Ihrer Küche starten: Legen Sie zwei noch ziemlich grüne Tomaten (*Lycopersicum esculentum*) zusammen mit zwei reifen Äpfeln (*Malus domestica*, Sorte beliebig) zusammen in einen dicht verschlossenen Gefrierbeutel. Als Kontrollexperiment legen Sie zwei grüne Tomaten allein in einen luftdicht verschlossenen Beutel. Diese Ansätze lassen Sie im Licht, jedoch ohne direkte Sonneneinstrahlung etwa eine Woche lang stehen.

Die zusammen mit den beiden reifen Äpfeln eingesperrten Tomaten sind nach wenigen Tagen sichtlich schneller gereift als die Kontrollfrüchte ohne Äpfel. Wie ist das möglich?

Reife Äpfel sind eine ergiebige Quelle für das Pflanzenhormon Ethen (Ethylen). Im geschlossenen Behältnis beschleunigt dieser von den Äpfeln freigesetzte Wuchsstoff eine Reihe von Prozessen, die immer mit dem Reifungsvorgang ablaufen. Dazu gehören der Abbau von Blattgrün (Chlorophyll), die enzymatische Auflösung der Mittellamellen in den Zellwänden (reife Früchte sind weicher als unreife!), veränderte Atmungsraten und die Anreicherung von Zuckern sowie anderen Geschmacksstoffen. Für diese Vorgänge sind jeweils besondere Wirkstoffe (Enzyme) zuständig, deren Synthese das Pflanzenhormon Ethen anregt. Vor diesem Hintergrund wird auch verständlich, dass sich die Fruchtreifung mit Hemmstoffen der Eiweißsynthese unterbinden lässt.

Der Ethen-Effekt auf die Fruchtreifung hat eine enorme praktische Bedeutung: Total unreif geerntete Bananen werden während des Schiffstransports in einer an Kohlenstoffdioxid reichen, aber ethenfreien Umgebung eingelagert und erst kurz vor dem Erreichen des Zielhafens mit Ethen begast, damit sie in kurzer Zeit zur verkaufsfähigen reifen Frucht werden.

Kontakt mit reifen Äpfeln lässt Tomaten erröten.

Kirschbaum

Warum sie so heftig erröten

Das kennen Sie aus Kindertagen: Die Kirschen aus Nachbars Garten machen uns immer dann besonders an, wenn sie reif und rot sind. Und grüne Erdbeeren sind mit Gewissheit nicht marktfähig. Ein grasgrüner Granny hat neben einer betont rotbackigen Apfelsorte keine nennenswerte Chance. Und grüne Weintrauben kauft man auch nur, wenn sie einen deutlichen Schimmer ins Goldgelbe zeigen.

Die Erfahrung sagt uns, dass die Fruchtreife und damit neben der Genießbarkeit auch der Wohlgeschmack etwas mit der Fruchtfarbe zu tun haben. Auf gelbe und rote Farbtöne fahren wir dabei besonders stark ab. Ähnlich ergeht es auch den die Früchte verzehrenden Tieren. Solange die Kirschen noch grün am Gezweig hängen, ist im Kirschbaum (*Prunus avium*) praktisch nichts los. Wenn sie dagegen die gelbe oder rote Karte zeigen, kommen die Drosseln und Stare gleich scharenweise. Vogelaugen sind für die warmen Farben besonders empfänglich. Das gilt übrigens auch für uns: Haben Sie schon einmal darüber nachgedacht, warum Verkehrsampeln mit Gelb und Rot (und nicht mit Blau oder Violett) die Verkehrsteilnehmer besonders aufmerksam werden lassen?

Sattes Rot – für Tiere kein Stoppsignal

Reife rote Früchte sind für viele Tiere eine wichtige Nahrung, gerade in der zweiten Sommerhälfte, wenn die Menge der Insekten(larven) etwas nachlässt. Jetzt tummeln sich auf den Fruchtsträuchern und -bäumen auch solche Vogelarten, die sonst eher tierische Kost bevorzugen.

Nun ist ein Früchte tragendes Gehölz nicht unbedingt eine Zweigstelle der Wohlfahrtsverbände – die den Tieren zum Fraße vorgesetzten Fruchtmenüs sind aus der Perspektive eines Strauchs oder Baums natürlich keine uneigennützige Spende, sondern fest in den eigenen Ausbreitungsablauf

Rote Früchte regen den Appetit an.

eingebaut. Die tierischen Konsumenten verzehren ja meist nur das Fruchtfleisch und eben nicht die Samen. Diese überstehen die Magen-Darm-Passage unbeschadet, werden irgendwo mit dem Kot abgesetzt und treffen damit eventuell auf einen günstigen neuen Standort.

Auch matte Farben locken heftig

Nun gibt es in der heimischen Natur auch eine Menge Fruchtgehölze mit dunkelblauen bis fast schwarzen Beeren oder Steinfrüchten – darunter Holunder, Schlehen und Brombeeren. Sie erscheinen uns mit ihrem unauffälligen Äußeren eher perfekt getarnt. Für Vogelaugen stellen sie sich allerdings ganz anders dar: Die wachsigen, häufig etwas matt erscheinenden Fruchtbeläge reflektieren nämlich sehr stark das kurzwellige, für uns nicht sichtbare UV-Licht. Da die meisten Vögel jedoch UV-tüchtig sind, stechen ihnen gerade auch die düsteren Fruchtfarben besonders grell und einladend in die Augen. So bleibt auch dieses Fruchtangebot gewiss nicht lange unentdeckt.

Klette

Unbarmherzig anhänglich

Die Früchte der Kletten sind in sprichwörtlicher Weise anhänglich. Für die Pflanze hat das den Vorteil, dass sie sich weit ausbreiten kann. Möglicherweise haben Sie sich über diese Begriffswahl auch schon gewundert: Mitunter liest man in Pflanzenbüchern den Ausdruck „Ausbreitung“ und ein anderes Mal die Formulierung „Verbreitung“. Nach üblicher Einschätzung scheint hier kein nennenswerter Unterschied vorzuliegen. Aber: Auch die Biologen sind mitunter eigenwillige Sprachpuristen und neigen zu scharfen Grenzziehungen – fast so schlimm wie die Juristen.

Also: „Ausbreitung“ meint immer die räumliche Verteilung von Früchten und/oder Samen durch Wasser, Wind oder andere Spediteure. „Verbreitung“ ist dagegen das fertige Ergebnis dieser Ausbreitungsrouten – eben das geografische Muster der Einzelvorkommen der betrachteten Arten. Am Beispiel der bemerkenswerten, weil geradezu sprichwörtlichen Kletten sehen wir uns nun einmal die äußerst raffiniert inszenierte Ausbreitung der Diasporen genauer an.

Die Haken der Klette gehören zur Ausbreitungsstrategie.

Unangenehme Anhänglichkeit

Hat man Ihnen in Kindertagen (oder auch später) boshafterweise die reifenden Blütenköpfe einer der drei heimischen Kletten-Arten in die Haare gerubbelt? Das löst erfahrungsgemäß so gar keine Freude aus, denn diese ungefähr kirschgroßen Gebilde verhaken sich in der Frisur so unbarmherzig, dass es enormer Mühe bedarf, sie aus ihrem unerwünschten Aufenthaltsgebiet wieder herauszulösen.

Was beim Mitmenschen als neckischer Schabernack erscheint, ist ausbreitungsökologisch eine geradezu bewundernswerte Starthilfe für die reifen Früchte. Was an den Blütenköpfen der Kletten-Arten so vielfältig und äußerst wirksam einhakt, sind die zahlreichen Spitzen der Hüllblätter. Ihre starren Enden sind umgebogen wie eine Häkelnadel und wirken auch so: Wenn man sie mutwillig in Haarkleid oder Garderobe vertieft, verankern sie sich dort sofort und zuverlässig im mehrfachen Dutzend und bleiben eventuell längere Zeit vor Ort.

Reichweite via Fellroute

Biologisch ist dieses Manöver bemerkenswert sinnvoll. Die reifen Fruchtköpfe verkrallen sich im Fell vorbeistreifender Tiere, werden dabei aber nicht unbedingt abgerissen, sondern federn mit den vertrockneten Pflanzenästen wieder in die Ausgangslage zurück. Dabei werden die glatten Früchte in die weitere Nachbarschaft geschleudert.

Bleiben dagegen komplett abgerissene Fruchtstände im Fell größerer Wirbeltiere hängen, erfolgt die Ausstreuung der reifen Früchte eventuell viel weiter entfernt und auch über einen größeren Zeitraum. Dieses Verfahren setzt also auf verschiedene Strategien. Auch Kletten-Labkraut, Wilde Möhre, Nelkenwurz sowie Odermennig setzen bei der Ausbreitung ihrer Diasporen auf feder-, haar- und kleidertragende Wirbeltiere. Sie arbeiten allesamt nach diesem Häkelnadel- oder Enterhakenprinzip.

Und noch etwas

Die sprichwörtliche Anhänglichkeit der Kletten-Fruchtköpfe veranlasste übrigens den Schweizer Ingenieur Georges de Mestral (1907–1990) schon im Jahre 1951 zur Anmeldung eines Patentes, nachdem er seinem Hund im Anschluss an einen Jagdausflug etliche der kugeligen Klettenköpfe aus dem Fell gelesen hatte. Er hat den heimischen *Arctium*-Arten den seit 1959 produzierten und bis heute vielfach eingesetzten Klettverschluss abgeschaut – eines der besonders frühen Beispiele der Bionik, die *Bio*logie mit Technik verknüpft.

Der Anbau von Schlaf-Mohn ist genehmigungspflichtig.

Mohn

Gebannte Suchtgefahr

Die artenreiche Familie der Mohngewächse hat auch zur heimischen Flora einige ausgesprochen dekorative Pflanzen beigesteuert. Kaum eine andere Pflanze hat so farbintensive Blüten wie der Klatsch-Mohn (*Papaver rhoeas*). Seit der Jungsteinzeit erobert er als Kulturfolger Getreideäcker, Brachland und Wegsäume. Sein naher Verwandter, der blasslila bis purpurn blühende Schlaf-Mohn (*Papaver somniferum*), eine bemerkenswert dekorative Art, ist dagegen eher eine Kulturpflanze und in freier Natur nur gelegentlich zu sehen.

In allen Mohngewächsen kommen auf unser Nervensystem abzielende Inhaltsstoffe vor, die man Alkaloide nennt. Beim Klatsch-Mohn und bei vielen anderen Mohn-Arten aus Natur und Garten liegen sie entweder nur schwach konzentriert vor oder entfalten keine besondere Wirksamkeit.

Anders stellen sich die Dinge beim hübschen Schlaf-Mohn dar: Schon sein wissenschaftlicher Name *Papaver somniferum*, der Schlafbringende, weist darauf hin, dass seine Alkaloide offenbar einer ganz anderen Wirksamkeitsklasse angehören: Tatsächlich beeinflussen sie nachhaltig das wache Bewusstsein. Die Alkaloide sind vor allem im Milchsaft enthalten. Den eingetrockneten, leicht gummiartigen Milchsaft der unreifen Kapseln nennt man Roh-Opium – er enthält zur besonderen Freude der Naturstoffchemiker mindestens 40 verschiedene Alkaloide, darunter auch das äußerst bedeutsame Morphin. Früher nannte man es Morphium, abgeleitet vom Traumgott Morpheus der griechischen Sagenwelt.

Morphin stillt außerordentlich zuverlässig schwere Schmerzen und ist in dieser Funktion im medizinischen Bereich bis heute unentbehrlich. Bei beliebigem Gebrauch führt es jedoch unweigerlich zu Abhängigkeit und Sucht. Durch geringen chemischen Umbau lässt sich aus Morphin das noch viel gefährlichere und geradezu verheerend wirkende Heroin gewinnen.

Sind Mohnbrötchen gefährlich?

Die reifen Fruchtkapseln, aus denen man zuvor durch Anritzen das Morphin und wichtige verwandte Wirkstoffe wie Narcotin oder Codein gewinnt, bringen natürlich auch die ölreichen Samen hervor (etwa 2000 je Kapsel), deretwegen man die Pflanze in warmen Ländern sogar im großen Stil anbaut. Die kleinen grauschwarzen Samenkörner, die Sie in Mengen auf Ihrem knusprigen Mohnbrötchen oder im leckeren Mohnstrudel finden, sind allerdings garantiert so gut wie alkaloidfrei oder enthalten nur minimale Mengen völlig unbedenklicher Mohn-Alkaloide. Selbst bei häufigem Verzehr geht von Mohngebäck mit Sicherheit keine Suchtgefahr aus.

Aus der angeritzten Kapsel tritt der Milchsaft aus.

Pfaffenhütchen

Die Natur trifft Vorsorge

Manche Früchte werden von den Vögeln zu Beginn des Winters verschmäht, sind aber als Notreserve durchaus willkommen. Vermutlich empfinden Sie es ebenso: Die Winterwochen erscheinen als relativ öde Zeit, in der man draußen angeblich so gut wie gar nichts beobachten kann. Es geht jetzt in der Natur deutlich ruhiger zu als während der Zeit des geradezu ekstatischen Blühens im Sommer. Aber: Von den Tieren des Sommers sieht man jetzt vor allem die Vögel und die bieten – auch im eigenen Garten – eine Menge Anregung zum Beobachten und Vergleichen. Häufig genug sind es zugewanderte Überwinterer, die aus dem noch kälteren Skandinavien eingetroffen sind, während unsere Sommervögel in Richtung Süden der Kälte zu entkommen versuchen. Die meisten anderen Tiere ruhen oder schlafen während der kalten Winterzeit in ihren Verstecken.

Die Früchte des Pfaffenhütchens schmecken erst nach dem Frost.

Die einzigen auffälligen Farbtupfer im Garten und in der freien Flur sind die vom letzten Herbst am Geäst gebliebenen Früchte, die überwiegend rot oder rotorange gefärbt sind, etwa die Früchte des Pfaffenhütchens oder des Wasser-Schneeballs. Auch die kleinen rotbackigen Apfelfrüchte der Weißdorn-Arten gehören dazu. Wintersteher nennt man diese Früchte. Aber warum haben die Vögel dieses reiche Fruchtangebot nicht schon längst geerntet?

Die Früchte des Weißdorns hängen noch lang an den Zweigen.

Jetzt geht es ans Eingemachte

Wintersteher sind für viele Vogelarten sozusagen das Eingemachte – vor allem für Arten, die ihre Nahrungsgewohnheiten in der kalten Jahreszeit umstellen. Drosseln lauern im Sommer den Regenwürmern auf, naschen aber ab Spätherbst auch gern Fruchtiges. Die noch im Geäst prangenden Früchte schmecken den Tieren erst so richtig nach einigen kernigen Frostnächten, weil sich dann die herben Gerbstoffgehalte allmählich verlieren. Ein ausreichendes Fruchtangebot ist aber auch als erste Nahrung für die aus dem Süden zurückkehrenden Singvögel wichtig, die im zeitigen Frühjahr noch nicht auf ihre gewohnten Insekten zurückgreifen können.

Manchmal sieht es allerdings so aus, als hätten die Vögel einen Strauch mit äußerst üppigem Fruchtangebot glatt übersehen. Meist liegt es jedoch daran, dass diese Sträucher an stark frequentierten Verkehrswegen im sogenannten Straßenbegleitgrün stehen. Hier sind die Störfaktoren einfach zu groß. In der freien Flur fernab größerer Verkehrsstraßen wird man im April gewiss keine Früchte des Gewöhnlichen Schneeballs, der Schlehe oder der Weißdorne mehr finden.

Rosskastanie

Vom Charme des Megasamens

Glänzende Erscheinung, schmeichlerisches Rotbraun und hübsche Rundung: Die frisch aus ihrer Stachelkapsel gelöste Rosskastanie ist zweifellos ein echter Hingucker. Rosskastanien sind bei Kindern wie bei Erwachsenen gleichermaßen beliebt. Kaum jemand kann an einem Rosskastanienbaum (*Aesculus hippocastanum*) vorübergehen, unter dem gerade ein paar Dutzend „Kastanien" gelandet sind.

Vermutlich werden Sie es freimütig gestehen: Flugs verschwinden sie in Taschen oder Tüten, und das aus Gründen, die man kaum erklären kann. Wahrscheinlich sind es allein die gefällige Farbe und Form, denn einen praktischen Nutzen haben die Rosskastanien nicht. Man kann daraus zwar mit Streichhölzern hübsche Figuren basteln, aber schon am übernächsten Tag sind die kreativ gestalteten Objekte zu unansehnlich matten Gebilden geschrumpft.

Essen kann man sie auch nicht – Rosskastanien sind für den Menschen wegen ihres hohen Saponin-Gehalts ausgesprochen giftig. Für Wildtiere stellen sie allerdings keine Gefahr dar: Rehe, Hirsche und Wildschweine schätzen sie als bekömmliche Zusatzkost.

Kastanien und Rosskastanien

Umgangssprachlich nennt man Rosskastanien einfach „Kastanien". Botanisch korrekt handelt es sich bei Kastanien aber um die Nussfrüchte einer ganz anderen Art, nämlich der Ess- oder Edel-Kastanie (*Castanea sativa*), auch Maronen genannt, die man nicht nur auf Weihnachtsmärkten als geröstete Delikatesse bekommt.

Der erhebliche Unterschied zwischen Kastanie und Rosskastanie ist peinlicherweise auch dem Bundesfinanzministerium nicht geläufig: Hier ließ man 2014 in der Sonderserie „Deutscher Wald" eine 20-Euro-Goldmünze mit einem Rosskastanienblatt prägen, das aber den unpassenden Artnamen „Kastanie" trägt. Schlimmer noch: Die Rosskastanie ist gar kein deutscher Waldbaum – sie stammt nämlich aus dem Balkan beziehungsweise Vorderasien und wurde erst im 17. Jahrhundert in unseren Breiten heimisch. Und die Kastanie ist eher ein Südwesteuropäer.

Rosskastanien sind riesige Samenkörner.

Ein echtes Schwergewicht

Hätten Sie übrigens gedacht, dass Sie mit der glänzenden Rosskastanie eine Weltmeisterin in den Händen halten? Tatsächlich gehören die reifen Rosskastanien mit ihrem beachtlichen Frischgewicht von bis zu 40 Gramm zu den größten und schwersten Samenkörnern überhaupt. Gewöhnlich denkt man in diesem Zusammenhang an die Kokosnuss oder an die besonders üppig geratene Seychellennuss, doch dabei handelt es sich botanisch jeweils um die Steinkerne von Steinfrüchten.

Schöllkraut

Wie man Ameisen verführt

Beim Schöllkraut ist (wie bei etlichen anderen heimischen Pflanzenarten) geradezu beispielhaft zu sehen, wie man Ameisen für die eigenen Zwecke einsetzt. Diese interessante Pflanze haben Sie bestimmt schon gesehen: Das Schöllkraut (*Chelidonium majus*), ein an Wegen, Zäunen und sonstigen vom Menschen geprägten Stellen recht häufiger Vertreter der Mohngewächse, ist eine wintergrüne, aber kurzlebige Halbrosettenpflanze. Neben den ungewöhnlich bläulich grünen Blättern ist eins ihrer wichtigsten Kennzeichen der tief gelborange gefärbte Milchsaft, der aus allen verletzten Pflanzenteilen hervorquillt und so sonst bei keiner anderen heimischen Wildpflanze auftritt.

Die Pflanze ist zwar hübsch anzusehen, aber ziemlich giftig: Sie enthält in allen Teilen ungefähr zwei Dutzend ziemlich ungesunder Alkaloide. Zur großen Freude der Naturstoffchemiker leuchten diese nach laboranalytischer Trennung im UV-Licht wunderschön hell- bis violettblau auf.

Sobald sich die goldgelben Blüten in schmale, aber im Unterschied zu den Kreuzblütengewächsen querwandlose Schoten fortentwickelt haben, fallen alsbald die schwarz glänzenden kleinen Samen auf. Diese tragen an ihrer Anheftungsstelle in der Schote ein besonders nahrhaftes Anhängsel, das man Ölkörperchen (Elaiosom) nennt. Speziell für dieses interessante Nahrungsangebot haben verschiedene Ameisen-Arten ein besonderes Faible. Sie tragen die Samen mit dem anhängenden Elaiosom als Proviant in ihre Burgen ein und besorgen so die wirksame räumliche Ausbreitung des Schöllkrauts. Daher wundert es im Prinzip nicht, wenn es auch auf Mauern oder sogar auf morschen Weiden wächst.

Das Schöllkraut hält Ameisenköder bereit.

Springkraut

Pflanzliche Artillerie

Die Springkräuter und einige andere Pflanzen verlassen sich bei der Verteilung des Samens nicht auf Tiere – sie verschießen ihn lieber mit ausgeklügelten Mechanismen. Für die Ausbreitung ihres Pollens nutzen die Blütenpflanzen entweder Wasser und Wind oder setzen mit mancherlei raffinierten Anlockungsmechanismen auch Tiere ein, die einen größeren Aktionsraum durchstreifen. Für die räumlich wirksame Verteilung ihrer Früchte oder Samen (Diasporen) nutzen sie – von Art zu Art aber recht unterschiedlich – prinzipiell die gleichen Mechanismen. Dennoch sollten Sie sich über folgenden Sachverhalt wundern: Arten, die für die Bestäubung ihrer Blüten bestimmte Insektengruppen anlocken, verwenden für die Ausbreitung ihrer Diasporen meist ganz andere Routen – der insektenbestäubte Löwenzahn etwa nutzt als reife Pusteblume ausschließlich den Wind.

Das Springkraut schießt scharf.

Vorsicht – Schusswaffen

Obwohl man es ihnen zunächst gar nicht zutraut, sind Pflanzen äußerst findige Lebewesen. Das gilt mit Sicherheit für die Springkräuter. In Mitteleuropa heimisch ist nur das Große Springkraut (*Impatiens noli-tangere*), das man bezeichnenderweise auch Rühr-mich-nicht-an nennt.

Diese Art hat allerdings in den vergangenen Jahrzehnten Verstärkung erfahren: Um 1840 verwilderte aus dem Berliner Botanischen Garten das aus Nordostasien stammende Kleinblütige Springkraut (*Impatiens parviflora*). Es ist heute in Parks und Wäldern fast häufiger als die vorige Art. Seit 1960 hat sich das aus Indien stammende Drüsige Springkraut (*Impatiens glandulifera*) bei uns (nach mancher Einschätzung erschreckend) erfolgreich eingebürgert.

Alle Springkraut-Arten entwickeln aus ihren bestäubten Blüten schmale, langgestreckte Kapseln. Während der Fruchtreife (ab August) geraten diese Kapseln durch wachsende Zellsaftspannung zwischen innerer und äußerer Fruchtwandschicht zunehmend unter enormen Binnendruck.

Wenn der Reifeprozess abgeschlossen ist, sind sie somit extrem berührungsempfindlich: Ein kurzes Anfassen genügt – und schon entlädt sich die unter Druck stehende Kapsel, indem sich die Fruchtklappen an ihren Nähten geradezu schlagartig trennen, dabei augenblicklich aufrollen und die Samen aus dem Innenraum bis zu drei Meter weit in das Umfeld schleudern. Das ist nicht nur für Kinder ein gigantisches Event, denn so schnell sieht man andere heimische Pflanzen nicht reagieren.

Ähnlich verhält sich übrigens das in Gärten im Spätfrühjahr recht häufige, aber eher unauffällige Spring-Schaumkraut (*Cardamine impatiens*), ein Vertreter der Kreuzblütengewächse und naher Verwandter des wesentlich bekannteren Wiesen-Schaumkrauts (*Cardamine pratensis*). Auch diese Art ist ein effizienter, mit Hydraulik arbeitender Saftdruckstreuer – aus ihren schlanken Schoten wirft sie die reifen Samen bis über drei Meter weit in das Umfeld.

Es geht auch anders

An trocken-heißen Sommertagen knistert es überall dort, wo Exemplare des Besenginsters (*Cytisus scoparius*) wachsen. Seine in reifem Zustand schwärzlichen Hülsen trocknen in der Hitze des Tages aus, und die Verwachsungsnähte halten der Spannung nicht mehr stand. Ganz ähnlich funktionieren übrigens die Sporenbehälter der Wedelfarne. Sie sehen im Lupenbild aus wie Ritterhelme mit Klappvisier und funktionieren auch so. Aber wenn sie ihre Sporenmassen an die freie Luft setzen, hört man das nicht.

Tanne

Warum findet man keine Tannenzapfen?

Tannenzapfen lassen sich doch leicht in jedem größeren Mischwald finden – oder etwa nicht? Verlässt man sich einerseits auf das weit verbreitete Liedgut (es wurde bereits auf S. 12 erwähnt) und folgt andererseits der üblichen Bezeichnung „Tanne", bewegt man sich auf einem extrem schmalen Steg, der leicht zum (begrifflichen) Straucheln führt. Natürlich sind nicht alle Gehölze, die Nadelblätter tragen, gleichzeitig auch Vertreter der Tannen. Folglich darf man auch nicht alle draußen eingesammelten Samenstände der heimischen oder kultivierten Nadelhölzer vorbehaltlos als Tannenzapfen bezeichnen.

Aber offenbar sind alle Nadelbäume in der öffentlichen Wahrnehmung zunächst einmal „Tannen" – unabhängig davon, ob es sich tatsächlich um Fichten, Douglasien oder andere Vertreter dieser Verwandtschaft handelt. Selbst bei den nun wirklich total anders aussehenden Kiefern kennt der Volksmund keine Einschränkung. Das im Schwarzwald gebraute „Tannenzäpfle-Pils" zeigt als Firmen-Logo geradezu erbarmungslos drei Fichtenzapfen.

Das ging nun wirklich daneben

Dazu passt, dass das Bundesfinanzministerium (BMF) jüngst eine jährlich mit einem anderen Motiv erscheinende 20-Euro-Goldmünzen-Serie unter dem Serientitel „Deutscher Wald" herausgab, die für das Jahr 2013 unter der Münzprägung die Benennung „Kiefer" trägt. Nun mag man eventuell großzügig darüber hinwegsehen, dass die Münzvorderseiten jeweils eine Baumgattung benennen, aber definitiv eine konkrete Art zeigen.

Aber es kam noch heftiger: Die für 2013 auserkorene Kiefer ist tatsächlich eine Schwarz-Kiefer (*Pinus nigra*), die aber in Deutschland partout nicht als waldbildende Baumart vorkommt. Die übrigen ausgewählten Motive weisen ebenfalls erhebliche sachliche Fehler auf. Der grundlegende begriffliche Unterschied zwischen Gattung und Art war im BMF offenbar irgendwie nicht zu vermitteln oder schlicht unbekannt.

Zapfen sind keine Früchte

Alle heimischen Nadelhölzer sind Vertreter der Nacktsamer. Diese Pflanzen heißen so, weil ihre Samenanlagen offen und frei zugänglich auf einer besonderen Schuppe im weiblichen Blütenstand liegen. Bei den Bedecktsamern

Junge Tannenzapfen zeigen noch keine Auflösungserscheinungen.

sind sie dagegen in einem aus meist mehreren miteinander verwachsenen Fruchtblättern entstandenen Fruchtknoten eingeschlossen. Nur aus einem solchen Gebilde kann eine Frucht entstehen. Die Bedecktsamer (Angiospermen) könnte man daher absolut zutreffend als „Fruchtpflanzen" bezeichnen.

Nacktsamer und somit alle Nadelhölzer sind dagegen ausschließlich Samenpflanzen. Aus ihren weiblichen Blütenständen entwickeln sich – eventuell erst nach mehreren Jahren – die meist so bezeichneten Zapfen (= Samenstände).

Auflösung oder kompletter Abfall

Bei einem herbstlichen Spaziergang durch einen Mischwald oder eine früher so angelegte Stangenplantage (in jüngerer Zeit setzt die Forstpolitik ökologisch sinnvollere Bepflanzungsprogramme um) liegt Ihnen eine relativ reiche Auswahl verschiedener Zapfentypen zu Füßen: Die Fichte (*Picea abies*) wird fast immer dabei sein, aber auch die Douglasie (*Pseudotsuga menziesii*), ferner die beiden Lärchen-Arten (*Larix europaea*, *Larix kaempferi*) und gelegentlich der nordamerikanische Hemlock (*Tsuga canadensis*).

Tannen (Gattung *Abies*) werden forstlich außerhalb der höheren Mittelgebirge oder der Alpen jedoch so gut wie gar nicht verwendet. Aber selbst in ihren angestammten Heimatgebieten (zum Beispiel im Schwarzwald oder in den Nordalpen) wird man in den Tannenmischbeständen (reine Tannenwälder gibt es nicht ...) niemals komplette Zapfen finden.

Der Grund dafür ist leicht zu verstehen: Tannenzapfen fallen eben nicht als Komplettgebilde ab, sondern lösen sich bereits am Baum in ihre Einzelkomponenten auf. Im Gezweig einer mannbaren (also reproduktionsfähigen) Weiß-Tanne (*Abies alba*) wird man daher bei gezielter Nachsuche nur einzelne Zapfenspindeln entdecken und unter dem Kronenraum nur die zerbröselten einzelnen Zapfenschuppen.

Hier spricht man von Beerenzapfen.

Wacholder

Das sind gar keine Beeren

Wacholderbeeren lassen sich leicht in Kochbüchern finden. Aber gibt es sie auch in der Natur? Sie kennen Wacholder bestimmt aus dem einen oder anderen Vorgarten. In der freien Landschaft begegnet man ihm aber schon deutlich seltener. Wunderschöne und eindrucksvolle Wacholder-Vorkommen präsentieren die Lüneburger Heide, die Hoge Veluwe in den südlichen Niederlanden sowie etliche Wacholderheiden in den Mittelgebirgen, darunter Eifel, Westerwald und Schwäbische Alb.

Auf sauren Böden entwickelt der Wacholder (*Juniperus communis*) seine sicherlich eindrucksvollsten Strauchgestalten und wird hier sogar bis zu sechs Meter hoch. Auf Kalkböden bleibt er meist deutlich überschaubarer: Mehr als zwei Meter Wuchshöhe können hier als klare Ausnahme gelten.

Dokument der Nutzungsgeschichte

Wacholder gilt außerhalb der höheren Mittelgebirge und der Alpen als eins der wenigen wirklich heimischen Nadelgehölze. Seine gebietsweise beeindruckende Flächendominanz verdankt er allerdings und ausschließlich dem wirtschaftenden Menschen: In Gebieten mit ertragsarmen Böden versorgte sich die bäuerliche Landbevölkerung vor allem mit der Schafhaltung. Wacholder ist ein weitgehend verbissfestes Gehölz. Er konnte sich deshalb als betontes Lichtholz vor allem dort entwickeln, wo ihm die weidenden Tierherden die Konkurrenz der raschwüchsigeren Laubhölzer wirksam dezimierten.

Wacholderheiden sind demnach eine reine Kulturlandschaft und insofern gleichzeitig ebenso bemerkens- wie schützenswerte wirtschaftsgeschichtliche

Dokumente. Außerdem sind sie wegen ihrer interessanten Artenvorkommen auch als besondere Lebensräume wichtig. Insofern bemüht sich der Naturschutz zu Recht um die Bewahrung der Reliktvorkommen von größeren Wacholderheiden durch die Fortsetzung der früheren Nutzungsrhythmen.

Die Beeren sind gar keine

Beim Stichwort Wacholder denken die einen womöglich an einen aromatischen Schnaps und die anderen an Anleitungen aus dem Kochbuch, das den Einsatz von soundsoviel „Wacholderbeeren" empfiehlt. Das ruft natürlich die Botaniker auf den Plan und zwar gleich aus mehreren Gründen: Erstens sind die blauen, frisch geernteten oder getrocknet gehandelten Gebilde keine Beeren und zweitens sind sie noch nicht einmal richtige Früchte. Doch der Reihe nach.

Einer der grundlegenden Unterschiede der ein- und zweikeimblättrigen Pflanzen zu den Nacktsamern vom Typ Douglasie, Fichte, Kiefer oder Tanne ist der, dass letztere keine Früchte entwickeln können, weil ihre Samenanlagen frei und offen zugänglich in den weiblichen Blütenständen liegen – daher heißen sie ja Nacktsamer. Bei allen Bedecktsamern sind die Samenanlagen dagegen in den Fruchtknoten geborgen und deswegen kann es auch nur in dieser Verwandtschaft richtige Früchte vom Typ der Beeren geben.

Und was ist mit dem Wacholder?

Der Wacholder ist meist zweihäusig – es gibt also überwiegend Exemplare mit rein weiblichen oder männlichen Blüten auf getrennten Pflanzen. Diese werden spätestens bis zum Herbst angelegt. Sie blühen im nachfolgenden Spätfrühjahr (ab Mai) auf. Die weiblichen Blüten, die sich in den Blattachseln älterer Nadeln entwickeln, bleiben zunächst unscheinbar und grün. Erst im dritten Jahr nach der Bestäubung reifen die durch einen wachsigen Belag blauschwarz gefärbten Zapfen heran.

Es handelt sich tatsächlich um die koniferenüblichen Zapfen und nicht um Beeren, die ja definitionsgemäß immer Früchte sind. Beim Wacholder verwachsen die jeweils drei Schuppen der weiblichen Blütenstände und werden fleischig, sodass das heranreifende Gebilde tatsächlich so ähnlich sieht aussieht wie eine Heidelbeere. Entsprechend der morphologischen Kriterien spricht man daher von einem Beerenzapfen.

Sie sind ein küchentechnisch gern eingesetztes Aromatisierungsmittel. Da die Inhaltsstoffe der Beerenzapfen jedoch leicht zu Nierenreizungen führen können, ist ein moderater Einsatz zu empfehlen: Etwa drei Beerenzapfen pro Portion gelten als unbedenklich.

Zymbelkraut

Die Gunst der Fuge

Das Mauer-Zymbelkraut ist ziemlich klein, enorm dünnstängelig, drückt sich an altem Gemäuer herum, und selbst seine kleinen, hellvioletten Blüten fallen kaum auf. Das Mauer-Zymbelkraut (*Cymbalaria muralis*), auch Mauer-Leinkraut genannt, ist gewiss kein aufgemotztes Starmannequin unter unseren Blütenpflanzen, aber in seiner Lebensweise eine ganz ungewöhnliche Art. Sie verdient also unbedingt Ihre Beachtung. Die Art kommt bestimmt auch in Ihrem Umfeld vor.

Diese Pflanzenart ist von Natur aus in Mitteleuropa gar nicht heimisch, sondern ein echter und unterdessen fest eingebürgerter Südeuropäer. Wann genau sie den Weg in die rheinische Pflanzenwelt gefunden hat, lässt sich nicht genau angeben. Eine plausible Deutung geht davon aus, dass die mittelalterlichen Kreuzritter sie von ihren Routen durch das Mittelmeergebiet mitgebracht und an den heimischen Burgmauern angesiedelt haben. Von dort hat sie dann den Weg in das weitere Umland gefunden.

Tatsächlich ist die Pflanze im Fugensystem gealterter Mauern und damit an typischen durch Menschen entstandenen Wuchsplätzen nicht nur im Rheinland ziemlich häufig, während man sie in der sonstigen Naturlandschaft eher selten wahrnimmt. Nach anderen Einschätzungen soll das Mauer-Zymbelkraut erst im 19. Jahrhundert durch gezielte Ansiedlungsmaßnahmen ins Gebiet gelangt sein.

Wie auch immer – diese Art ist wie geschaffen für altes Gemäuer. Sie mag Kalk und findet deshalb Mörtelfugen als Wuchsplatz besonders attraktiv. Auf dem Kölner Dom ist sie eine der häufigsten Pflanzenarten und kommt dort noch in 45 Meter Höhe vor.

Nach der Blüte wird es lichtscheu

Die beblätterten Sprossachsen und vor allem die Blütenstiele strecken sich am Mauerstandort immer direkt zum einfallenden Licht, damit die Blüten von bestäubenden Insekten auf jeden Fall wahrgenommen werden. Die botanische Fachsprache bezeichnet diese lichtgeführte Hinwendung als positiven Phototropismus.

Das Zymbelkraut nutzt jede Spalte.

Zur Zeit der Fruchtreife ändern die Pflanzen ihr Verhalten aber grundsätzlich: Nach erfolgter und noch nicht so recht verstandener Umsteuerung krümmen sich die Blütenstiele mit den reifenden Kapselfrüchten jetzt konsequent vom Licht weg – und reagieren nunmehr negativ phototrop. Das bringt den wünschenswerten Effekt mit sich, dass die reifen Samen mit großer Wahrscheinlichkeit wieder in der engeren Nachbarschaft direkt in einer Fuge platziert werden. Wo das Mauer-Zymbelkraut einmal Fuß gefasst hat, erobert es innerhalb weniger Vegetationsperioden ganze Mauerflanken.

Literatur

- Arzt, V. **Kluge Pflanzen.** Bertelsmann, München 2009
- Amiet, F., Krebs, A. **Bienen Europas.** Gattungen, Lebensweise, Beobachtung. Haupt, Bern 2012
- Beiser, R. **Kraft und Magie der Heilpflanzen.** Verlag Eugen Ulmer, Stuttgart 2013
- Bellmann, H. **Geheimnisvolle Pflanzengallen.** Ein Bestimmungsbuch für Pflanzen- und Insektenfreunde. Quelle & Meyer, Wiebelsheim 2012
- Bonn, S., Poschlod, P. **Ausbreitungsbiologie der Pflanzen Mitteleuropas.** Quelle & Meyer, Wiesbaden 1998
- Düll, R., Kutzelnigg, H. **Taschenlexikon der Pflanzen Deutschlands und angrenzender Länder.** Quelle & Meyer, Wiebelsheim 2016
- Genaust, H. **Etymologisches Wörterbuch der botanischen Pflanzennamen.** Birkhäuser, Basel 1996
- Haag, S. **Liebeskraut und Zauberpflanzen.** Mythen, Aberglauben, heutiges Wissen. Kosmos, Stuttgart 2010
- Kremer, B. P. **Heilpflanzen aus der Apotheke der Natur.** 100 heimische Arten kennen und anwenden. Kosmos, Stuttgart 2003

- Kremer, B. P. **Blütengeheimnisse.** Wie Blumen werben, locken und verführen. Haupt, Bern 2013
- Kremer, B. P. **Die Wiese.** Theiss/Wissenschaftliche Buchgesellschaft. Darmstadt 2016
- Kremer, B.P. **Steinbachs großer Pflanzenführer.** Verlag Eugen Ulmer, Stuttgart 2016
- Kremer, B. P., Bannwarth, H. **Pflanzen in Aktion erleben.** Schneider Verlag Hohengehren, Baltmannsweiler 2008
- Kremer, B. P., Oftring, B. **Natur-Genies.** Die verblüffenden Tricks der Pflanzen und Tiere. Nicolai, Berlin 2012
- Kremer, B. P., Günthner, I. **Die Ökologie des Kölner Doms.** Rheinische Landschaften H. 60, RVDL-Verlag, Köln 2014
- Kremer, B. P., Richarz, K. **Ins Bockshorn gejagt.** Tierische Sprichwörter und pflanzliche Redewendungen. Theiss/Wissenschaftliche Buchgesellschaft. Darmstadt 2015
- Kremer, B. P., Richarz, K. **Was alles hinter Namen steckt...** Kuriose, merkwürdige und erklärungsbedürftige Namen unserer Lebewesen. Springer, Heidelberg 2016
- Lüttig, A., Kasten, A. **Hagebutte & Co.** Blüten, Früchte und Ausbreitung europäischer Pflanzen. Fauna Verlag, Nottuln 2003
- Mägdefrau, K. **Geschichte der Botanik.** Leben und Leistung großer Forscher. Gustav Fischer, Stuttgart 1992
- Müller, G. K., Müller, C. **Geheimnisse der Pflanzenwelt.** Urania, Leipzig 1994
- Nowack, R. **Notfallhandbuch Giftpflanzen.** Ein Bestimmungsbuch für Ärzte und Apotheker. Springer, Heidelberg 1998
- Palla, R., Habinger, R. **Augentrost & Teufelskralle.** Brändstätter, Wien 2003
- Parolly, G., Rohwer, J. G. (Hrsg.) **Schmeil-Fitschen – Die Flora Deutschlands und angrenzender Länder.** 96. Auflage, Quelle & Meyer, Wiebelsheim 2016
- Spohn, M., Spohn, R. **Blumen und ihre Bewohner.** Haupt, Bern 2015
- Weber, E. **Das Kleine Buch der Botanischen Wunder.** C. H. Beck, München 2012
- Westrich, P. **Wildbienen. Die etwas anderen Bienen.** Verlag Dr. Friedrich Pfeil, München 2013
- Wohlleben, P. **Das geheime Leben der Bäume.** Ludwig Verlag, München 2015
- Wohlleben, P. **Wohllebens Waldführer.** Verlag Eugen Ulmer, Stuttgart 2016

Schnell nachgeschlagen

Bildquellen

Bellmann, Heiko/Hecker, Frank: S. 2, 8 (Umschlagrückseite oben), 23, 24, 83, 113, 136; **Hecker, Frank:** S. 17, 28, 38, 47, 56/57, 93, 109, 122, 127, 180; **Himmelhuber/Zoonar GmbH:** S. 46; **Kabisch, Thomas:** S. 6/7; **Kremer, Bruno P.:** S. 18, 20, 31, 45, 51, 65, 80, 105, 110, 133, 150, 165, 172; **mauritius images:** S. 9, 10, 13, 16, 21, 26/27, 29, 32 (Umschlagrückseite Hintergrund), 36, 37, 41, 48, 54, 60, 63, 66, 68, 69, 71, 72, 76, 79, 84 (Umschlagrückseite unten), 85, 86, 87, 88, 91, 97, 99, 111, 117, 118, 121, 124, 125, 128, 129, 131, 132, 139, 140, 143, 144, 145, 147, 151, 152, 153, 154, 155, 157, 158, 159, 161, 162/163, 164, 167, 173, 174, 175, 177, 183, 184, 187, 188, Titelbild; **Müller, Walter:** S. 126; **Shutterstock.com: Fadzeyeva, Liudmila** S. 102/103; **Fowler, Martin** S. 114, 134; **Hardwick, Neil** S. 104; **Ivaschenko, Roman** S. 169; **katatonia82** S. 30; **Mariola, Anna** S. S. 146; **Musat, Christian** S. 149; **Nikitenko, Volodymyr** S. 170; **Pavan, Simona** S. 35; **Pithart, Cornelia** S. 42; **Pivovarova, Julia** S. 52; **Rejchrt, Vit** S. 14; **rodimov** S. 94; **Ruckszio, Manfred** S. 101; **scaners3d** S. 98; **Silver, John** S. 4; **slava17** S. 59; **Slusarczyk, Krzysztof** S. 106; **Tamor, Maxal** S. 179; v. d. **Wolde, Arie** S. 15; **Zoonar GmbH** S. 74, 166

Haftungsausschluss

Die in diesem Buch enthaltenen Empfehlungen und Angaben sind vom Autor mit größter Sorgfalt zusammengestellt und geprüft worden. Eine Garantie für die Richtigkeit der Angaben kann aber nicht gegeben werden. Autor und Verlag übernehmen keine Haftung für Schäden und Unfälle. Bitte setzen Sie bei der Anwendung der in diesem Buch enthaltenen Empfehlungen Ihr persönliches Urteilsvermögen ein.
Der Verlag Eugen Ulmer ist nicht verantwortlich für die Inhalte der im Buch genannten Websites.

Bibliografische Information der Deutschen Nationalbibliothek
Die Deutsche Nationalbibliothek verzeichnet diese Publikation in der Deutschen Nationalbibliografie; detaillierte bibliografische Daten sind im Internet über http://dnb.d-nb.de abrufbar.

Wollgrasweg 41, 70599 Stuttgart (Hohenheim)
E-Mail: info@ulmer.de
Internet: www.ulmer-verlag.de
Lektorat: Michael Kokoscha, Ina Vetter
Herstellung: Gabriele Wieczorek
Umschlagentwurf: red.sign, Anette Vogt, Stuttgart
Satz: red.sign, Susanne Junker, Stuttgart
Druck und Bindung: Neografia, Martin
Printed in Slovakia

ISBN **978-3-8001-0899-2**